关 系 纠 缠

换个维度看世界

徐九庆 著

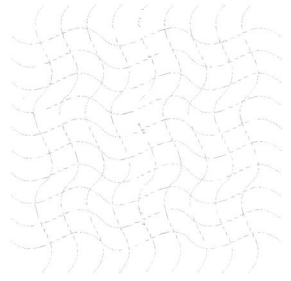

当代中国出版社
Contemporary China Publishing House

图书在版编目（CIP）数据

关系纠缠：换个维度看世界/徐九庆著. -- 北京：当代中国出版社，2023.2
　　ISBN 978-7-5154-1126-2

　　Ⅰ.①关… Ⅱ.①徐… Ⅲ.①人生哲学—通俗读物 Ⅳ.① B821-49

中国国家版本馆 CIP 数据核字（2023）第 028034 号

出 版 人	冀祥德
责任编辑	袁又文
责任校对	康　莹
印刷监制	刘艳平
装帧设计	鲁　娟　李默涵
出版发行	当代中国出版社
地　　址	北京市地安门西大街旌勇里 8 号
网　　址	http://www.ddzg.net
邮政编码	100009
编 辑 部	（010）66572132
市 场 部	（010）66572281　66572157
印　　刷	北京中科印刷有限公司
开　　本	880 毫米 ×1230 毫米　1/32
印　　张	8.375 印张　4 插页　169 千字
版　　次	2023 年 2 月第 1 版
印　　次	2023 年 2 月第 1 次印刷
定　　价	68.00 元

版权所有，翻版必究；如有印装质量问题，请拨打（010）66572159 联系出版部调换。

自序：认知困惑

一个凉爽的秋夜，我在学校附近的乡间小路上信步闲走，满月的光辉洒满静谧的大地，我突然意识到，已经有很多很多年，没有在月光下行走，没有抬头仰望星空了。

于是我停下脚步，在路边的一块巨石上坐下来。那时候，月亮还在东边的夜空中悬挂着，释放着柔软明净的光辉。我坐的方向，刚好正对着月亮，得以长时间地呆望这神奇的存在。在这无人打搅的山野，思绪很容易沉静下来，慢慢滑向灵魂深处一个隐秘之所——那里封闭着对宇宙、对生命的众多疑问，已堆积着众多无解的尴尬和痛楚。

然后，就有了这本小书。

这不是一本答案之书，而是一本疑问之书。这些百思不得其解的疑问，是我个人的，同时也应该是很多追求真理的学者的，或许也是全人类的。这些疑问，基于人类社会所面临的种种乱象，以及对未来走向的普遍茫然和恐惧。

人类文明经过几千年的发展，拥有了上天入地的本事，但我们的心灵为何依然脆弱如斯？为何越来越长夜无眠？为何越来越缺乏信任、越来越失去爱的需求和能力？我们究竟是在向天堂高歌猛进，还是在向可怕的地狱一路狂奔？

这些疑问都指向一个终极之惑：人类认知。认知让我们对世界拥有了掌控感，同时又把我们困在意识之茧里。我们因拥有非凡的意识而骄傲，同时也因意识的局限而痛苦不堪。可以说，我们所面临的一切痛苦和恐惧，都来自无处不在的认知局限。这本疑问之书，正是对人类认知局限的一种探索。

对于认知局限，往往有两种极端的态度：一种是自大型，假装没看见；另一种是自卑型，认为人类根本就是绝对无知的。在我看来，假装认知局限不存在，与坦承自己绝对无知，本质上都是极端自卑的表达。人类依靠科学手段所取得的伟大成就有目共睹，但科学世界的种种局促也随处可见。因此，承认人类认知的伟大，同时也不讳言认知的种种局限，这才是实事求是的态度，也是科学应有的精神。

几百年来，科学习惯于把世界装进简单明了的模型里，然后宣称这就是终极真相。这些所谓的真相被后来者打破后，后来者又把世界装进新的筐子里，说："你看，这才是世界的终极真相……"然而，这种打补丁的科学探索，终于有一天碰到了头顶上的天花板：科学走不动了。科学界关于大爆炸奇点的种种声音，以及对"黑洞那边"的种种难以实证的猜测，就是科学到达"认知边沿"的生动写照。科学就像一列呼啸前行的高速列车，最终一头撞在宇宙现实的坚硬大山上，虽然没被撞得粉碎，却也动摇了无数人的信心。

在我看来，问题恰恰出在科学对世界的简单化描述，这种无处不在的简单化描述不仅扭曲了世界的真相，更让人类认知陷入了简单化和扁平化的路径依赖，从而导致越来越严重的认知偏差和局限，直到远离真相。

真实的世界是异常复杂的系统，几百年来的科学认知却把这个复杂系统硬生生地装进简单的机械系统，并从理论上强力自洽。各种各样的定理、定律就是这类机械系统的代表作，它们往往有用，但未必是世界本来的样子。甚至可以说，这些线性的强调因果关系的定理和定律，不过是"科学家眼中的世界"，与真相无关。

世界的真相是复杂（已经有很多伟大的科学家意识到这一点）。宇宙系统、生态系统、大气系统、人类系统、分子系统……这些宏观或微观的系统存在都是多维度多层次的，本质上就是一堆乱麻，在时间的维度上只有相关性而没有因果关系。人类社会正在经历的新冠病毒感染疫情，不就是世界复杂性的一种表达么？人类以其积累数百年的科学神力，目前也无可奈何这看不见的小小的病毒。这足以证明，相对于世界的复杂性，以简单模型为精神支柱的科学的影响力是有边界的。

真实世界的复杂性还表现在，虽然存在秩序，但世界总体说来处于无序化的混沌状态。人类通过艰苦卓绝的努力，能使世界在某种程度上变得有序，但在更大范围内，以及更深更广的维度上，混沌无序依然是世界的本质。不仅如此，世界不仅异常复杂，还异常脆弱，稍有风吹草动就会发生天翻地覆的变化：这是一个无比精密而又无比复杂的系统，一粒灰尘掉落在上面，也可能会导致灾难性的后果。

科学所依赖的机械系统理论是基于实用主义需要，因此它有用而有限：它是世界局部的、三维的描述和表达，往往相信放之四海而皆准的所谓铁律。复杂系统理论却信奉世界的边界性和不确定性，相信认知的有限性和不完全表达。也就是说，在复杂系统理论者的眼中，谦卑是一种真正的美德。

事实上，在科学以外的广阔领域，无限膨胀的自信、野心和认知局限，导致人类发生了数不胜数的愚蠢行为。局限是人类的一种常态，它们无处不在，影响着人类的方方面面。

仰望高远的蓝天，遐想无限的宇宙深空，我们就会确信自身的卑微渺小，从狂热的喧嚣中短暂地冷静下来，思考身边那些剪不断理还乱的麻烦和混乱来自何方：它们究竟是"上帝"强加给我们的，还是我们自己制造出来的。

认知局限的后果，往往就是偏见——这是这本小书的一个副题。事实上，局限与偏见就是孪生兄弟，它们以量子的方式发生纠缠，并心心相印，互为镜像。我相信，以人类非凡的大脑，总有一天会打破头顶上的天花板，进入更为高远多维的认知空间，使人类多一些幸福感和安全感。

宿命和有限是生命的终极真相，但在宿命和有限的边界内，建立一座温暖而美丽的小小花园，当是人类共同的愿望。唯有打破当前的认知局限，消除种种偏见，这个微小而宏大的愿望才有可能实现。

这正是我写作这本小书的初衷。

是为序。

目录

自序：认知困惑/1

换个维度看世界/1

多维：一种认知模型/7

模型依赖：认知局限的天花板/13

偏见：成因与意义/20

哲学：复活的价值趋势/26

系统纠缠：熵增与秩序化/33

系统本质：非线性纠缠/40

纠缠：形态与层次/46

纠缠内涵：能量与信息流动/53

脆弱性：关系纠缠的命门/57

相关性：人类系统纠缠/64

希腊衰落：一个纠缠样本/68

短命秦朝：纠缠的东方样本/71

间质：一种认知启发/75

神话与故事：人类认知基石的现实困境/80

谵妄：人类的角色错位/85

易经：被误读的宇宙模型/91

植物纠缠：另一个灵性世界/97

行为模式：人类与动物比较/104

万物真相：常识与悖谬/111

机会主义：生存策略新解/116

病毒真容：人类认知挑战/122

昆虫消失：生态链的断裂/126

弗洛伊德：一个世纪的喧嚣与落寞/131

战争：目的与手段的矛盾/136

公平正义：一种伦理学局限/140

审丑偏好：人性之镜/144

人才属性：从工具到心灵回归/148

3.0版教育升级的现实悖论/154

教育本质：有用性与心灵成长/160

商业：行业污名化的困境/165

生与死：互为因果的生命镜像/172

生命孤独：放弃和逃跑的正反馈/178

喜悦或虚无：自我实现的路径分歧/185

生命意义：不可或缺的信仰挂钩/190

执念：困住生命的铁笼/195

成功：一种人格局的执着/201

角色选择：悲伤还是大笑/207

成长或防御：命运模型两种/215

自我与秩序　边界意识的意义/222

意义缺失：现代人的困境/229

渴望确定：现代焦虑症病灶/235

亲密关系：婚姻与爱情/240

文字会消矢吗？/246

跋：我自故乡来/252

换个维度看世界

我出生在中国西部山区一个偏远的小镇上，小镇只有几百户人家，10分钟就能从街的这一头走到那一头。老街的尽头是庄稼地。所见的都是乡里乡亲，所闻的都是家长里短，没有多少新鲜事，安宁祥和。偶尔的争吵冲突，也不过是打破庸常的一朵小浪花，并不能改变乡村生活略带忧伤的美丽。

然而，不知从什么时候开始，我从这乡村美景中看到了种种藏头露尾的恶行，听到了种种自相矛盾的声音，疑问自然而然地填充于我尚幼稚的心灵。后来我上大学进入城市，车水马龙和熙熙攘攘的人来人往并没能减少我的疑问，相反，我看到和听到了更多令我瞠目结舌的事情。为了给自己越来越焦灼的灵魂一个交代，我踏上了孤独的探索之旅。上课之余，以及后来的工作之余，我走进图书馆，试图从不断的阅读中卸掉思乡的重负，排解这无尽困惑所带来的不安。透过那一页页文字，透过别人笔端凝固下来的文明兴衰和历史过往，我在别人的故事里体验着人类的悲欢离合、爱恨情仇。在一个个宏大叙事之中，我感受着人类的哀乐，倾听着宇宙深处的琴弦颤动。

再后来，我有了自己的书房，这样我就可以长时间地蜷缩在书山的角落里，一个人安静地阅读、安静地思考，任凭思绪在宇宙的虚空中徜徉。在不断的阅读中，我认识了苏格拉底，认识了柏拉图，认识了孔子、佛陀、罗马、汉帝国、大唐、天竺、汽车、资本、核武器，知道了黑洞，知道了量子理论，也知道了现代物理局促而行的尴尬。

随着眼界的日渐开阔，疑问也以更强大的力量扑面而来。我终于相信，阅读并不能给你最终的答案。知识的岛屿越大，困惑的海岸线越长。阅读只是一种前行的方式，它就像一束光亮，让你看清无知的黑暗有多么深远，让你知道在宇宙尺度上人类何其渺小。

终于有一天，我陷在疑问的沼泽之中不能自拔，因为我发现人类知识往往不能自洽，种种问题也因为无解而被忽略。而且，我并不是第一个撞上南墙的人，古往今来那些伟大的哲学家，那些伟大的科学家，几乎都在认知的极限之处看到了问题的无解。于是在痛苦的思考中，我开始问自己，是什么阻挡了人类探索的脚步，从此前路艰难？

在彻夜的思考中，我透过一线罅隙，看到了高墙背后微弱的亮光。于是在一天深夜的冥思苦想之中，我豁然开朗，这一切问题的源头，在于人类叙事的角度！人类总是以自我为中心，强调人类自身的特殊性，强调自己是地球上唯一的智慧生命，是地球的主宰，强调人类有国家、科技、大学，人类无所不能……是的，人类的问题完全是由人类自身的狂妄自大造成的——当一个人总是站在自我的角度看待事物时，偏见必不可免。

于是我突然明白，问题就是答案。要解答人类诸多认知疑问，必须换一个角度，一个抛弃人类中心主义偏见的角度。从人的视角来看待世界，有太多的主观、利用、控制和情绪，这种主观是刻在人类集体无意识之中的，已经形成了一种顽固的路径依赖。

因此，我们需要从他者的角度来看世界。

他者的优势在于跳出了人类中心主义的狭隘路径，从而能把人类社会整体作为研究对象。在他者看来，人类社会只是一个复杂的系统，本质上，是人类系统和其他系统的关系纠缠决定了人类未来的走向，所以，只有把这个系统还原到整个地球系统中去研究才有价值。

他者发现，人类在某种程度上不过是一个自以为是的物种，坚信在地球生命系统中没有对手，因而盲目自大。这个物种活在自己创造的虚拟世界之中，在冲突中发展，发明了宗教、国家、文字、语言、武器，却又被这些貌似了不起的发明创造困住，无计可施，难以超拔。

他者发现，人类由于拥有科学技术而忘记了无知和谦卑，从而把自己当成上帝的化身，把其他物种和生态系统当作人类的工具和奴仆。自大让人类迷信自己发现的规则、模型等，并自以为可以改造并控制地球上的其他系统。自大还让人类产生思维定式、路径依赖，特别是在对复杂系统的认知上，线性思维泛滥，认为复杂系统也像钟表一样，只要搞明白每个原件，组装起来就能还原整个钟表。

他者意识到，人类被思维定式锁死，活在一个自我创造的虚拟世界之中，并在这个世界中自娱自乐。然而，人类本质上依然遵守动物本能的法则，控制和欲望依然是行动的原动力。

他者发现，人类不知反思。如果他们声称要反思，那也不过是一种逃避责任和惩罚的策略。本质上他们从不会认错。几千年来，人类有许多次总结教训的机会，可以避免重蹈覆辙，但还是一次又一次犯下同样的错误。

他者还发现，人类迷信科技和拳头。人类的思维是机械化的，人类的智慧是分割的。人类不明白系统的真正含义，总是断章取义地制造无数理论模型作为行动纲领。现在，地球这个系统已无法满足人类的折腾、破坏和无休止的扩张，地球系统已被毁得千疮百孔，无数物种灭绝，而人类也在疯狂和自大的咆哮声中前突。

真相在于，世界是由系统构成的，大到宇宙，小到某个单细胞生物，世界无不是像俄罗斯套娃一样，不同量级的系统叠加成一个更大的系统，并相互发生复杂的关系纠缠。当然，整体不等于局部之和，系统一旦形成，便有了自己独立的属性和法则。宇宙大爆炸则可能是另一个更大系统的某个局部崩溃的结果。

所有系统之间，不同大小量级的系统之间，都是一种纠缠关系。所有系统的诞生、变化、消亡，无不是纠缠的结果，并永远处在纠缠之中，就像混乱的毛线团。地球是一个系统，人也是由无数细胞和微生物构成的系统，但这是两个不同量级的系统。人类和其他动物、植物等共同参与地球系统的建设，经过长达46亿年的纠缠，才产生今天的地球面貌和生态系统，同时这种生态系统也反作用于地球系统的变化。地球系统是融在一起的，它就像一碗粥，分不清哪些是水，哪些是米，彼此之间是一种接近混沌状态的纠缠关系。这种纠缠的复杂度超过人类的理解，甚至很难用已有的数学思维来理解，或许将来可以用"量子数学"来描述这个状态。

系统关系纠缠的背景是能量和信息的流动，如果没有能量和信息的流动，关系纠缠也就停止，就不会有系统，也不会有现在的宇宙。他者发现，能量和信息流动与系统纠缠有强相关性，但这种强相关性不是一种因果关系。因果关系是一种原因得出一种结果，而相关性只是阐明他们好像是一家人，有A就会有B，但不能说明A是B的因，也不能说明B是A的因，因此无法知道能量流动是纠缠的结果还是原因。

他者发现，能量和信息流动表现出有序性流动和无序性流动。人类一万年的文明、创造，对世界的认知大多停留在有序性流动范畴内，无序性流动（系统纠缠关系）体现的无序性变化某种程度上超越了人类的认知，却是客观存在。系统的形成是在无序中进行的，一旦形成之后在一定时间内会形成一个秩序。然而，有序是短暂的，在系统的纠缠中，有序必然会回归到无序状态直到新的有序产出。无序是常态，有序只是意外。演化没有方向。

人类的认知大多停留在有序的世界里，研究有序世界的人被称为科学家，无序世界的思考就留给了哲学家。在他者看来，人类认知极限的突破，不能依靠局限于三维认知的科学家，应当依靠天马行空的哲学思辨。哲学家能把系统、关系纠缠、能量和信息的流动、有序和无序等要素同时运用起来，从不同维度客观地认识世界，从而比科学更少一些偏见。

在他者看来，只有远离"人"这个观察世界的主体，才有可能对宇宙和存在有清醒的认识。"人"所创造的理性主义并不存在，那只是另一种经过伪装的偏见，而人类所创造的文明，也不过是统一自我价值的手段。人类要挽救自身，找回失落已久的伊甸园，就必须重拾谦卑和敬畏的美德，以更为广阔的视角重新认识自己、重新认识世界，以真诚和善意赢取大自然的宽恕，并与大自然和谐相处。如果听任无知、虚伪、自大、贪婪盲目膨胀，一旦到达奇点，什么情况都有可能发生。

多维：一种认知模型

100个科学家、100个政治家和100个企业家在一起讨论世界的构成，一定会有300个不同的答案，因为每个人都有自己的认知模型。模型是人类认知世界万物的工具，它们是历史上无数学者共同建构的，也可以是自己建构的。模型的不同，就会对同一事物的认知导引出不同的结论。

1000个人眼里有1000个哈姆雷特，说的就是这个意思。

毋庸讳言，模型不是建立在真知灼见的基础上，而是建立在普遍的偏见之上的。偏见是人类认知世界的基本状态，没有偏见，人类对世界的认知也就无从说起。偏见源于人类解释世界的原始冲动，人类试图通过解释世界来控制世界，最终满足自我掌控感，试图对未来实现预期。然而很显然，没有人能完全实现对未来的预期。未来是不可控的，未来的一切状态都由小概率事件决定，与人类的预期无关。掌控不可掌控之物的理论，本质上就是偏见。

任何理论模型都因人类认知偏见的普遍存在，而有其天然的缺陷。人类在探索未知世界的过程中，无法避免这种带着偏见的理论模型，它就像黑夜中的微弱光亮，朦胧而模糊，然而，没有它，人类就会陷入更加深重的黑暗。悖谬由此产生：明知模型是偏见的产物，却又离不开它们，因为人类不但生活在本真的世界里，也生活在自己发现和制造的模型里。比如市场经济、阶级、国家等，这些成熟的模型构成了复杂的人类社会，并形成新的关系纠缠，这些虚拟的想象产物，成了人类社会的真实存在，使生活在想象世界与本真世界里的人类能产生自洽感和真实感。人类建构了模型，模型反过来又建构和固化了人类社会。在这种情况下，模型是否带有偏见已不重要，重要的是它们有用。

本真世界是一个个复杂的系统。一个人是社会系统的一个元素，同时也是其自身内一个由千亿级系统形成的生命组合，是一个复杂系统。一个人体内有千亿级的细菌和寄生物，几万千米长的血管，万亿细胞的生生死死、能量转换，各个功能部位之间的密切配合，可以想象这是一个多么精美而复杂的体系。一个宏观的世界是由千亿级的子系统构成，子系统又由千亿级的孙系统构成，它们共同作用，构成整体世界的运行。

然而，要用现有的认知理论和认知工具去把握如此复杂的系统纠缠，几乎是不可能的。唯一的可能就是简化处理，构建一个有限的理论模型来对其进行框架性的描述，以期达成粗线条的理解——简化的模型会扭曲本真，却又别无他途。

对复杂世界的观察可以从三个锚点或维度上进行。

第一个维度是时间和空间。宇宙是无限时空的组合，也可以定义为大爆炸之后的时空组合，因为我们对大爆炸之前一无所知。人类社会可以定义为300万年，也可以定义为一万年，因为我们对一万年以前的人类知之甚少。时空的确定可以帮助我们划定一个认知的边界，在有限的范畴内才有可能讨论存在。没有边界的探索只会走向虚无。

第二个维度是属性。万事万物都有其自身属性，可以形象理解为"势力范围"。这种"势力范围"在时空纠缠中不断变化，然而不管如何变化，事物自身的属性会保持相对短暂的独立性和稳定性。即使事物的属性转瞬即逝，我们也要对其进行固定，以方便细致入微的解剖。如果事物的属性无法固定，探索和理解也就无从说起。事实上，转瞬即逝在极小的时间尺度上是不成立的，比如人的一生在宇宙尺度上不值一提，但在我们自身看来，却是十分漫长的，漫长到可以悠闲地演绎出各种复杂的爱恨情仇。因此，暂时固定事物属性从理论上来说是完全可能的：需要的是一个小到事物还来不及发生质变的时间尺度。

第三个维度是关系纠缠。关系纠缠是事物变化的本质。世间万物相对而生、相互纠缠，从而产生物质能量流动，演化成今天这个世界。不能把握这种关系纠缠，就无从客观认知整个世界。

在关系纠缠中存在着一个"枢纽"，就是联系各个系统的关系所在的集群。能量流动和变化通过"枢纽"影响事物整体的变化，它包含了平行复杂系统之间、更大一级系统和更小一级系统之间的关系纠缠。

比如，研究中国历史一定要将其融入世界历史，这是一个平行系统。更大一个量级的系统是地球的生态系统，比如气候变化、所有物种的平衡状态、食物链。在此之上，更大一个量级的系统是太阳运行以及各种宇宙能量的流动。它们共同构成中国历史演化的宏大叙事背景。

在历史这个系统内部，小一个量级的系统是文化、战争、经济、政治、宗教，以及不同族群的利益分享和等级认同、人类自身阶层和金字塔构造、权力分配等。比人类更小的一个系统是无数的生命体，以及每个生命体里巨量的各种微生物系统，它们是历史的微观史诗。微生物系统曾改变了历史的走向，包括欧洲的黑死病、美洲的传染病等，它们或造成一场战争的失败，或造成一个国家的灭亡，或造成一种文明的消失，因此研究其与特定对象的关系纠缠，就很有必要——微观叙事与宏观叙事构成一部完整的人类史。

对这些不同量级的关系纠缠进行综合考量，历史的真相就会客观地凸显出来。传统方法用单纯的史料来研究历史，只能算是对前人结论的诠释，往往充斥着偏见，成为"历史学家写的历史"，与历史的客观真相相距甚远。

通过对这三个维度的把握，我们就能给整个复杂世界建立起一个框架性的认知模型，从而展开有限的探索。多维理论模型的建立确定了具体的研究对象，我们就要观察其平行层面的复杂系统之间的关系纠缠，然后找到大一个数量级的系统来确定对象所在的"时空"位置，对其进行时空锚定。第三步要找到小一个数量级的系统，从微观层面上去理解复杂系统之间的影响力。第四步要找到"枢纽",找到关系中相互纠缠的能量变化。在此基础上我们运用计算机和大数据手段,建构影响力模型和变化模型,进行试验和推演。

我们会发现,在这个多维度的理论模型中,在所有系统里,不变的是各种系统的生成与崩溃,是能量的流动和转换。所有的系统没有一成不变的必然方向,它只会根据关系纠缠而产生自然演化的结果,随机而不可预测。一个小概率的偶发事件就会改变整个系统的属性和状态,比如一个人中了大奖,他的整个生活可能会全盘改变。

对世界复杂系统关系纠缠的模型化理解,中国古已有之,其中最杰出的就是《易经》。用今天的眼光来看,《易经》就是一部完美的系统关系纠缠模型,它把宇宙万物简化为金、木、水、火、土5个基本元素,并用这5个元素的复杂纠缠涵盖全部宇宙信息,以锚定时间和空间的价值意义——这是多么了不起的发现!

其实,以《易经》为源头的中国文化本身就是一种关系文化,它描述的是人与自然的关系纠缠、人与人的关系纠缠、人与自己的关系纠缠。在不同哲学和宗教流派中,这些关系纠缠又各有其重点,比如儒家把关系纠缠的重点放在人与人之间,道家侧重在人与自己、人与自然之间,佛家则强调人与终极力量之间的关系纠缠。其中,强调人与人之间关系纠缠的儒家文化,建立起人际秩序,从而催生出强大的政治文明,建构了多个强大的王朝。强调人与自然关系的道家文化则催生了强大的中医学体系。本土化的佛教文化则建构起强大的精神体系,使一代代中国人能在顺境中保持平和的心态，在逆境中爆发出强大的生存能量。

掌握系统和关系纠缠的多维理论模型，人类对世界的认知就能跨进一大步：偏见更少，真相更深刻。

模型依赖：认知局限的天花板

无论是政治、经济著作，还是文化、哲学、历史著作，往往是以一定的假设为基础的，一旦假设的基础有所动摇，就会生出谬误。问题出在哪里？我认为，问题出在人们研究的基础是个体，是一个一个的人，是一个一个的数，因为研究个体容易得出因果结论，而非相关性结论。于是人们热衷于建立各种模型来解释世界，这种模型就形成人类以为的知识。于是每一个人的大脑中都拥有不少这类简化模型，也就只能在十分逼仄的层面来理解世界。然而，世界是多维的，是在复杂的系统之中进行的关系纠缠，用简单模型对复杂世界进行描述，当然就会有很多问题，会不准确甚至错误。

在一些动物（比如蚂蚁[①]）的眼中，包括人类在内的世间万物都是二维的，是扁平的存在（它们看同类也是二维平面）。对于

---

① 研究发现，蚂蚁是视觉二维动物，它眼中的世界是单层平面。蚂蚁的世界只有左右前后关系，而没有上下关系。

这些动物来说，二维平面就是毫无疑问的真理，是世界的终极真相。但事实上，我们人类知道，包括我们自己在内的世界是三维的，是生动活泼的立体，并不是一个平面。因此，我们可以得出一个结论：用低维的眼睛去评判高维的事物，结论一定是错误的——除非你有神一样的想象力。

基于简单模型的研究成果往往是靠不住的。然而，作为直觉动物，人类更愿意用简单的结论来解释世界，模型这种看上去简单实用的工具提供了便利，人们在研究过程中往往会对其产生依赖，从而得出貌似正确实则偏颇甚至错误的结论。

比如人人都关心的经济问题。如果我们把经济活动放在一个复杂的人类社会系统之中去研究，你就得充分考量各种各样的社会组织之间的纠缠，以及复杂网络的自适应、自演化、自组织等。复杂系统一层叠加一层。假设人类行为有十层叠加，那么所有的行为都是十层叠加的结果，这才是真实的存在，远非一个研究模型或学术补丁就能解释清楚的。

对于一个研究者来说，即使掌握了人类的全部知识，也不一定能确保研究结论的准确性，因为知识并不等于世界的复杂性。掌握了很多知识，顶多说明你博学，不代表你掌握了正确的研究方法。如果博学的大脑最后还是用简单模型去从事研究，你的知识就算是白学了。

系统性和复杂性才是世界的真相。可以说，其复杂程度远非我们当下的工具和知识可以搞清楚。我们对这个世界只能算是略知皮毛。如果世界真有十一个维度，以我们人类三维的头脑去研究它，结论基本上都会是错误的。认清这一点的好处在于，我们会重新变得谦卑一些——对自然的谦卑、对同类的谦卑。当狂妄的火苗在心头燃起时，我们要警告自己，人类不过是在三维情景中挣扎的存在，无知的狂妄是十分可笑的。

人类的知识体系已到需要升级换代的时期。科学号称飞速发展，但我们的很多观念、很多研究路径，基本上还是两千多年前轴心时代的产物。人类需要一个新的轴心时代的诞生，需要一批新的哲学大家出现。科技制造了很多实用工具，也制造了五花八门的玩具，整个人类都沉迷在这些玩具之中不能自拔，但科学不会去思考人类的整体命运，它关心的是实用。所以在当下和未来，人类需要伟大的哲人来为这艘风雨飘摇的大船指明航向。

传统知识还有一个倾向，就是固定地看待一个事物，不会在复杂网络系统流动地去看待，更没有看到所有元素之间的相互纠缠。传统人文知识没有把"关系"和"关系纠缠"作为一个主要参数来研究。

充分认识世界的系统性和复杂性，不但对学术研究很重要，对企业家来说也是至关重要的。当一个国家处在上升时期，或者某个领域处在上升时期，复杂网络还没有形成，相对的关系和关系纠缠还处在简单状态，一个企业能在这样的时期找准自己的位子，就很容易获得成功。复杂网络进入成熟期后，秩序就形成了，对企业来说，机会不是变多，而是变少了。秩序意味着机会的均等，资本的投机空间就被大大压缩，你就只能老老实实赚取微薄的"阳光利润"——这与资本的本性是相违背的。我不是要推崇资本的投机性，贩卖机会主义，而是要说，世界是复杂的，想在这个复杂世界掘到真金白银，你就得认识这种复杂性和系统性，否则，你就是在盲目碰运气，输得精光的概率是很大的。

总之，传统的简单知识模型，只有升级到复杂网络系统之中运行，才会离真理更近一步。真理十分遥远，我们永远不可能真正到达那里，这个结论令人沮丧，但我们别无选择。只有二维眼睛的动物要想搞清楚三维世界究竟是怎么回事，唯一的办法就是把自己的眼睛改造成三维的，不然，它无论如何也不能理解也无法相信三维世界的真相。作为智慧生物，我们当然可以无限接近真理，但得不断把大脑从三维升级到四维（时间是第四维吗？我不知道），然后升级到五维、六维……直至宇宙的最高维度。到那时，我们才有可能隐隐看到宇宙的真相。但要零距离拥抱真理之身，估计很难。老子对宇宙的研究差一点儿就接近真相了，但他最终站在真相的门槛外不知所终，留下一个语焉不详的描述。估计老子当时已用尽全力，以人类当时的智力无法再往前一步，只好把问题留给后人。

老子说，自然规律是存在的，但不是我们描述的那样，那么，这个存在的自然规律究竟是怎样的呢？他有他的看法，但三维以上的事情，他也无法去想象。所以我们只能逐步升级我们的大脑，以无限接近真相。在升级到最高维度之前，我们应当保持无限的谦虚，承认自己很无知。

所以，那么多的研究结论出现错误，实在是情理之中的事情，这不是研究者偷奸耍滑或人品有问题，而是你试图用简单模型去解释一个复杂系统,或如以二维之眼看三维世界,结论当然会出错。

对复杂网络的认知,我们还处在一个幼年时期。目前的情况,网络分为量型网络和自组织网络。量型网络有一个中心,在国家治理中体现为官僚组织,这种网络模型是一种简单的等级型金字塔。这种网络模型形成的阶层和秩序,在农业文明时代是有效的。在这种模型中,人与人的关系是控制和被控制,只要解决好财产分配和阶层流动模型的稳定性就会很好。当然要维持量型网络,还需要一些力量,譬如暴力机构、军事组织、财富以及等级的合法性解释等。

另一种是自组织网络。传统宗法制度就是一个以血缘和伦理形成的自组织,每一个自组织维护自我生态的进化。宗教是量型网络和自组织网络的复合体,人们因为信仰团结到一起,从而形成量组织的形态。人类进入工业文明时代,各种组织形态如繁星一样出现,公司则是一种新的星状组织,各种社团更像一种自组织,每一个组织都是一种力量,在复杂网络系统中相互纠缠,为自己的组织争取更大的空间和权利,同时也形成一种共生关系(平衡关系)。

现实就是如此复杂。然而,只看到这两个层面,结论就依然处在很低的维度。网络是一个立体的世界。就像人体结构,我们无法从机械物理的角度来认知我们的大脑。即使你知道每一个基因、每一个细胞,你依然无法理解各个系统是怎么运转的。假如一个复杂的系统有十个层级,每个层级有平面层级的相互关系,也有十个层级之间的关系,也有组织与组织之间的关系,在这些错综复杂的关系中,你只要取消其中一个元素,所有关系都会改变,整个系统也就发生了改变。更何况能量和关系之间还存在着看不见摸不着的暗能量。

因此我要说,完全看清楚真理的模样,是不可能的,人类就想了一个偷懒的办法,搞一个模型来简化认识,试图走捷径。问题在于,认识简化了,世界的系统性和复杂性并没有随之简化,也就不可能得出准确的结论。

我们可以扩展说说世界的系统性和复杂性。在人类文明进程中,天气系统和微生物系统的影响,几乎成了关键因素。各种物种的迁移对人类的影响远远超过我们的想象。农业文明的出现并不完全是人类的选择,文明的进程也并非全部由人类自身来主导。大多时候,我们只是看上去很强大。为了证明和强调人类的力量,我们有意无意忽视了其他系统对人类的影响。玛雅文明的衰落,西班牙人只是那最后一片致命的鸿毛。中国文明近百年的衰落也是因为自身系统从稳定期走向裂变期,没有西方因素的强力介入,当时的这个系统自己也会崩溃。任何文明系统复杂到一定程度都会出现熵增[①]现象,这与民主政治关系不大。民主政治只是一个补丁。系统衰落的因素也很复杂,比如外来因素、种族的流动、人口的增加或减少、自然灾害,等等。系统是流动的能

---

① 熵增:系统自发从有序向无序发展。熵是系统混乱的度量,熵越高,系统的微观状态就越难精确描述。

量和纠缠,世界不是按照确定的方向流动的。

总之,在我们的大脑没有升级到三维以上之前,我们能做的就是充分认识到世界的复杂性和系统性,不要认为模型和数学能让我们得到真理,不可能!简化的模型和冰冷的数字离真相很远。在科学之外,要学习用智慧的光芒去照亮更多的黑暗区域,否则,支离破碎的研究只能把结论导向偏见和错误。

偏见：成因与意义

如果认可系统纠缠的结果是整体的无序性和局部的有序性，人类就会把无序的世界往有序的世界去认知，即用认知有序世界的理论和方式去求解无序世界，以得到某种确定感和控制感，如古代的星象学、风水学、八字等。对于大部分人来说，真相并不重要，他们只想要一个确定性的结果——哪怕那个结果明显就是削足适履、刻舟求剑式的谎言。对确定性的渴望是人类产生种种偏见的根源，而偏见又反过来加重了人类追求确定性的病状。

康奈尔大学罗伯特·弗兰克教授在《成功与运气：好运和精神社会的神话》一书中，对人类偏见进行了精彩的阐述。弗兰克说，如果你认为精英的成功凭借的是他们的天赋和努力，外加人生重大关头作出的理性正确选择，那是不对的。他认为，天赋和努力当然重要，但成功在很大程度上靠的却是运气，而且现代社会更是如此。

弗兰克认为，运气可以放大，人类社会是非线性的复杂系统，初始条件好一点点，结果可能放大很多倍。其次，运气可以累加。并且,竞争越激烈,运气越重要。你不但要赢在起跑线上,而且必须接连不断地赢,你才能获取一个正式比赛的上场机会。原因非常简单:高手太多了。比赛中有足够多的高手,他们的天赋和努力值都非常高,因此比的当然就是运气。比如短跑项目男女8个世界纪录,7个都是在顺风时候创造的,第8个是无风。没有一个是逆风。

弗兰克举了个例子,A、B两个公司,A比B性能、价格高5%,结果将是胜利者A通吃市场,B公司出局——因为你厉害,所以你就更厉害。

现实生活中,人类天生有个偏见,认为成功是因为水平高,失败则是因为运气差。事实上,在网络社会,成功和失败的效应远远不像工程学的理解,也非机械思维的认知。运气本身就是一个无序现象,这一点跟无序世界的本质是相吻合的——无序本身就代表不确定,而运气不过是绝对不确定性的一种常见形态,比如每个人都有可能莫名其妙撞上好运,也有可能毫无预兆地碰上倒霉事,这是绝对不可控的,如果可控,世界上就不会有博彩之类骗人的把戏,人生也会变得绝对乏味。中国人常讲天运,"命里有时终须有,命里无时莫强求","顺势者昌,逆势者亡",这些深深地刻印在中国文化基因上的咒语般的信条,反映出中国古人早已认识到无序世界的存在,也认识到命运的不可把控性。这不是愚蠢的迷信,而是谦卑的智慧,它们已经成为中国人思维和行为的条件反射:本能。

我们也可以说,人类文明并没有必然的走势,这是大多数历史学家的共识。人类一直在努力把控和影响历史的走向,但收效甚微。从奴隶社会到封建社会再到资本主义社会,并不是历史的必然,而是无数偶发事件的结果。

即使在有些人的意识深处相信运气支配着一个人的命运,但在理性层面,他们还是相信"只要努力就会成功"。前面说过,这种普遍的偏见来源于他们对确定性的偏好,运气的不确定性使得他们宁可选择偏见也不愿意奉守真相。

我并不是要借运气的不可控性来支持懒惰和无为,恰恰相反,我要深情赞美勤奋和努力。勤奋和努力是人类最为优秀的品质,因为人类普遍的勤奋和努力,我们才拥有了一个相对短暂而有序的生活环境。不过,勤奋和努力对混乱无序的对抗,并不能消灭混乱和无序的存在,勤奋和努力能减少熵增,却不能改变熵增的本质。混乱和不确定性才是永恒的。不管你相不相信运气,运气一直都在某个看不见的地方,等着在你毫无准备的时候给你来上一家伙。

对不确定性的厌恶所导致的偏见无处不在,比如"平均人"。"平均人"是比利时人口学家、数学家、天文学家凯特莱提出来的,凯特莱开启了用定量的方法研究社会问题的时代,他认为"平均人"是最完美的人,人就应该是平均人,比如我们胖不胖要用身高体重指数BMI来衡量,如果你偏离标准值太远,就该减肥了。"平均人"这一概念的横空出世,对人类生活的影响十分厉害,它使原本百花齐放的人类个性突然变得不重要,标准化迅速成为具有确定性的审美观和生活观。用"丽人标准"修整出来的所谓美人充斥荧屏,大街小巷也随处可见。人们开始以平均为美。

其实,"平均人"("标准人")的意识古已有之,比如因杨贵妃受宠而出现的唐代以肥为美,比如"楚王好细腰,宫中多饿死"等,这些实际上就是"标准人"的雏形。不过,那时的"标准人"是一种由权力衍生的时尚,而现代的"标准人"却是一种打着科学幌子的后工业时代的产物。"标准人"的出现,反映的恰恰是人类对无序世界的恐惧心态——人类需要确定性,需要掌控一切,标准化刚好能满足人们的这种需要。"标准人"本质上就是人类偏见的一种极端表达。

工业的标准化是为了提高生产效率,减少和降低生产、生活的复杂性和高成本,那么人的标准化又是为了什么呢?如果80亿人看上去是一个样子,这很有意思吗?人的美丽动人不是因为她符合某个标准,而恰恰是因为她具有独特的个性。所有人都知道个性化的美才是终极之美,但有些人还是要去整容成某个样子,这就是人类的众多悖谬之一——我们无法确定自己美不美,所以我们渴望有一个美的标准尺寸,以强化我们对自身美的掌控。偏见顺势而生。

不确定性无处不在,标准也就无处不在。

人类的这些偏见,都是基于用有序的思维来理解无序的世界,渴望用一个简单的模型来把控不可预知的未来,也就是试图掌控运气。千万不要小觑这种貌似荒谬的"标准人"思维,在当代,它的市场是巨大的,不仅是整容,在生活的方方面面,乃至国家大计上，到处都能看到"平均人"思维在发挥着巨大作用。

在我看来，"标准人"思维对现代文明伤害最大的两个领域是教育和医疗。在教育领域，受"标准人"思维的影响，一大群人专门负责制定教学大纲，学生按照年龄排列好，每一学期应该学习什么内容完全标准化。在这样一种形态下，学生的个性容易被忽略，天才也容易被埋没。人们需要标准，并按照标准制造现代人，说穿了，就是制造符合工业生产标准的肉体机器。标准化教育更像一条制造"标准人"的流水线，而不是育人的机构。

美国教育学家爱德华·桑代克把"标准人"的偏见进一步具体化，他认为，应该按照水平把人分类，而分类的标准就是看他偏离"标准人"平均值的程度。他认为，人和人之间的区别是天生的，有的天生是快脑子，有的天生是慢脑子，而教育系统的任务就是把不同类型的学生经过分类训练后输送到不同的社会岗位上去，而且教育资源应该向优等生倾斜。桑代克说，质量比平等更重要。不仅如此，他还发明了各个学科的标准化考试。他的这一套明显有悖人性的标准化理论，不但没有被遏制，反而在全世界得到广泛应用，全世界的教育系统本质上都成了"标准人"制造工厂。这个工厂的作用不是什么启蒙，也不是培养人才传播知识，而是把人分类，贴上标签，评定排名。在这里，再也没有谁关心一个人的个性、想法和感情，关心的是一个人相对于"标准人"是个什么状态。教育者和受教育者都不再关心教育的本质，转而关心学生是否达标。

这些极端偏见的理论，对工业时代和后工业时代的人类异化现象发挥了关键作用。当然，这些偏见并非空穴来风，本质上也不过是工业文明的副产物，是基于"效率"文化的工业文明和后工业文明的实用主义需要，它们给人类造成的种种严重后果尚未完全显现。

在医学方面，我们看到的各种各样的数字、各种指标的测量，都是对比病患的病状跟"标准人"之间的差距的，而完全无视人与人的不同，无视个体差异如此之大。医疗机构运用各种机器测量人体的各种数据，像流水线作业一样按照标准治疗各种病人，其结果可想而知。

标准的背后是偏见，偏见的背后是对确定性的渴望，对确定性的渴望则来源于人类对无序世界的绝对不确定性的恐惧。我们害怕不确定，因此我们就发明一套标准来假装把这个完全不确定的世界"拿捏得死死的"。

偏见与真相无关，它是人类集体恐惧和虚无的表达。它更像麻醉剂，帮助人类拥有宇宙主人的幻觉。然而，人类又离不开偏见，这真是一个令人头疼的悖论。

哲学：复活的价值趋势

不知从什么时候开始，哲学成了嘲讽的对象。在人们眼中，哲学家就是一群不务正业胡思乱想的家伙，他们在各种晦涩的概念之间来回穿梭，得出很难理解的结论，却往往无法实证。实证主义成了哲学的末日审判者，他们宣告，现代社会只需要能够被实证的科学，不需要胡言乱语，尤其不需要看不懂的胡言乱语。

一旦被扣上胡说八道的大帽子，哲学就死了。

科学正在被它自己绝对化。科学原本是迷信的终结者，但绝对化的科学不可避免地把自己变成了一种新的迷信，或者是一种终极的迷信。科学之后，再无别的终结者来终结它，它就是一个终极的黑洞。

在我看来，只有让哲学苏醒过来，只有哲学重新运转它非凡的智慧，人类才有可能打破科学宗教的迷信，让科学宗教的信徒从狂热中清醒过来。

科学真的是人类解决一切问题的终极手段吗？当然不是。不仅如此，科学从来都是一只手解决问题，另一只手却在制造问题。而且，它所制造的问题往往无解，比如原子弹，比如克隆技术，以及光想一想都会毛骨悚然的AI——科学制造的绝对难题，会把人类引向毁灭吗？我不知道，不过好像是这么回事。

科学本身就是一个争吵不休、自说自话的行当，虽然科学家试图找到宇宙的终极理论，让人类进入期盼已久的天堂——那也不过是更大的一个自说自话，因为不可能有终极理论，如果有，那也只能是虚无。

即使在人类认知范畴之内，科学也从未达成过真正一致的意见——对于这种自说自话，科学家自嘲的解释是，科学一直处于探索之中。既然是在探索之中，那么一切漏洞百出的自说自话就显得十分合情合理。

比如，古希腊哲学家德谟克利特认为，所有的物质都是由原子构成的，它包含三个信息：万物是由一批相同的零部件组装而成；每个物质可拆分，直到找出最小的不可分割的组件；万物之间遵循一些通行的法则。到了爱因斯坦这里，则认为物质的本身是微粒。量子力学也认为，物质不可能无限分割，同时认为世间的万事万物本质上并不是实实在在的物体，而是过程。所谓过程，就是从一次相互作用到另一次相互作用的历程——这个论断，感觉成了虚无主义的邻居。

又比如，关于空间的本质问题，在德谟克利特时代，人们认为世间的一切就是无限的空间和在空间中运动的原子。后来电场和磁场的发现，让科学家头痛起来，因为场、空间、力、原子这些关系怎么也捋不清楚，他们灵机一动，就提出了"引力场"的概念。爱因斯坦广义相对论认为，世界只有粒子和场，而所谓的空间其实就是引力场。爱因斯坦比喻说，我们并非被容纳在一个无形固定的脚手架里，我们是活在一个巨大的、活动的软体动物内部，太阳使其周围的空间弯曲，地球并不是围绕太阳转，而是在倾斜的空间中沿直线运动，就像漏斗中转动的珠子，是漏斗壁那个弯曲的点使珠子旋转。

爱因斯坦的这一形象描述，让我们感到人类是生活在一个巨大的马戏场内。真相是这样吗？不知道。也许爱因斯坦说得有道理，也许毫无道理，因为要实证他的断言，可不是件容易的事情。

量子力学出现后，认为连长度都有最小的、不可分割的单位，根本没有连续不断的东西，于是量子力学和相对论产生矛盾。罗韦利认为，引力场更像是一块布料，乍一看，它是一大片、连绵不断的，但是你仔细地观察，就会发现这一片布料是由无数根线编织出来的。空间也是如此，看起来是连续的，只是因为我们无法感知更细小的尺度，看不见那些细小的线。而那些细小的线，其实就是微小粒子形成的微小的场叠加在一起，这样就形成了大的引力场。

然后量子引力理论认为，空间和物质没有差别，都是微小粒子产生出来的。无论是光、能量、空间、物质，世间的万事万物其实都只不过是一种实体的不同表现形式，这个实体叫作协变量子场。

说到这里，我感觉现代物理学不是在探索未知世界，而是在给已有的物理学论调的漏洞拼命打补丁，让它们看上去无懈可击（自洽）。物理学家制造出一批概念，然后发现这些概念有点站立不稳，不能自圆其说，下一批人就赶紧找来一些糨糊和破布，试图把破绽给补上。物理学成了街头缝缝补补的勾当。我这个联想有点过头，但事实好像正是这样。

科学家关于时间的存在与否，也是争吵不休。有的说存在，有的说根本不存在，都是人类想象出来的。比如罗韦利认为，时间其实是不存在的，时间并不是世界的基本组成部分，时间不过是我们人类理解世界产生的一种幻觉（事实如此）。不过，在另一批人看来，时间是真实存在的，而且它就是人眼看得见的三维世界以外的第四维，如果没有时间，人类就无法感知看得见的物质世界的变化——这个说法无论如何都是完美的。它唯一的问题就在于，没有人看见过时间的样子，一如没有人看见过上帝一样。如果时间是存在的，那么它更像是一种逻辑存在，而不是一种物质实在。换句话说，时间之所以存在，是因为人类需要它存在——这也许就是时间的真相，我不知道。

对科学的迷信，其危害程度与对宗教的迷信是一样的：迷信是一条浓雾弥漫的独路，让人类锁闭了智慧的大门，只能在这条不知何往的独路上盲目前行。

为何我们打破了宗教的迷信，却又陷入了迷信的宗教？为何我们一直在犯相同的错误？答案就是人类的自我中心意识。人类给自己赋予了世界主体的地位。人类宣称，我们是世界的主宰。然后人类就相信了这个胡言乱语，并真把自己当成了主宰。

不仅如此，人类对事物的认知，迷信于"看得见摸得着"，也就是坚信感官的绝对正确性。事实上，科学发展到今天，我们所认为存在的事物无不是我们感官的产物。比如，我们之所以确认宇宙大爆炸，那是因为用天文望远镜"看"到了从遥远的宇宙深处传送过来的大爆炸残像。悖谬正在这里，如果人类没有这种非常了得的天文望远镜，大爆炸的预言就一定是某个人高烧时的胡言乱语，因为没有人看见过大爆炸。我们绝对不会相信我们没有看见的事物的存在，即使它原本就像大爆炸一样存在着，因为我们相信"我们的眼睛"。

人类对世界的认知，得益于自己的感官，也受限于感官。通过感官我们知道了一些事情，感官也阻止我们相信"看不见"的存在。这是一种永恒的悖谬，无可救药。可以说，科学不是弱化了这种悖论，而是强化了它。即使真相一直在那里，但在没有被科学家"看见"之前，科学也绝对不会承认它。

所以我要说，对科学宗教的迷信，阻断了人类认知能力的提升。

人类感官所感知的世界，是非常有限的局部和表面。而且人类的所谓观察，往往带着极其强烈的主观性，也就是常说的"眼睛只看见它想看见的东西"。手中有个锤子，到哪里都看见钉子；心中充满痛苦，就会看见满世界的恶。感官的这种天然缺陷，导致人类在认知世界时无法克服情绪干扰和先入为主，从而陷入带着观点找证据的泥沼。我觉得现代物理学正是在干这种愚蠢的事情。

由于自然之手的作用,感官也只能在一定波段内有效,比如人类的嗅觉比不上猪和狗,视觉比不上鸟类,听觉比不上蝙蝠,等等。即使借助各种工具看到全部的世界,也不会明白世界的真谛,因为人类会有意无意地过滤掉不想看到的东西。人类看见的,只不过是带着强烈偏见的局部真相,甚至有可能就是一个臆造的故事。

对世界认知的局限还在于,人类喜欢确定感和操控感。事实上,世界太复杂了,各种量级的关系纠缠远远超出人类的理解能力,但是人类习惯于对世界作出扁平的、线性的理解,喜欢把世界简化成各种各样的模型,然后自言自语地说:"看,这就是真相。"

我绝不是要全盘否定科学的正向意义,科学及科学技术给人类带来的种种福利和便利,有目共睹,任何人都无法否认。我只是想说,当科学变成一种新的宗教时,它本身就是反科学的。科学精神的本质是怀疑和包容:怀疑一切真相,包容一切的不存在。然而当科学掌控了绝对话语权,成为新的世界霸主后,它就忘记了自己的初衷,变成了在神坛上享用祭品的发高烧的新神。人类需要真正的科学精神,同时也需要天马行空的哲学思维——在实证科学之外,人类需要更为多样化的探索工具,需要一个对科学绝对化时时保持警惕的吹哨人,这个人就是哲学家。

可以说,哲学的衰落是人类倒退的根本原因。只有哲学的苏醒,才有可能重启人类的智慧之门,才有可能打破科学制造的认知牢笼,突破人类的认知极限,进入更为广阔的天地。

"道可道，非常道，名可名，非常名。"[①]每次回味老子的这句话，我都感受到哲学的强大力量，感受到思维激荡的强烈兴奋，而机械的、碎片化的、冷冰冰的实证，只会让我无限沮丧，陷入脑死亡。

[①] 道可道，非常道：语出《老子》。后人在诠释这句话时，产生了歧义，主要有三种理解：道若可以言说，就不是永恒常在的道；道可以言说，但不是人间常俗之道；道可以言说，但不是恒常不变之道。

系统纠缠：熵增与秩序化

系统思考大师德内拉·梅多斯认为，想要在各种复杂系统中成为解决问题的高手，就必须升级思维模型，从还原论回到整体论，学会系统思考。所谓系统思考，是指这样一种思维方式，它不是割裂地、局部地、静态地来看待问题，而是关联地、整体地、动态地审视问题。

系统论是美籍奥地利裔生物学家贝塔朗菲首先提出的。贝塔朗菲是一般系统论和理论生物学创始人，他提出抗体系统论以及生物学和物理学中的系统论，并倡导系统、整体和计算机数学建模方法，以及把生物看作开放系统研究的概念，奠基了生态系统、器官系统等层次的系统生物学研究。1948年，贝塔朗菲出版了《生命问题》一书，标志着系统论正式问世。

学会系统思考的关键在于，要清醒地认识到宇宙是一个异常复杂的大系统，万物则是这个大系统中的成员，它们以宇宙系统为边界，形成各自独立的小系统，并向各个方向伸出长长的触须，彼此紧紧缠绕，形成错综复杂的关系。这些异常复杂的系统可以粗略划分为生命系统和非生命系统——这种简单的分法并非复杂系统的真相，仅仅方便建立有确定感和掌控感的模型工具。事实上，真正的系统比我们想象的模型要复杂许多。

贝塔朗菲认为，一个生命系统和非生命系统是不同的，有生命的系统是一个开放的系统，需要和外界进行物质、能量和信息的交换——他的意思是说，生命之所以成为生命，在于它与外界存在着连续不断的交换行为。缺失了交换，生命就不存在。

贝塔朗菲认为，根据热力学第二定律，一个封闭系统总是朝着熵增加的方向变化，即从有序变为无序，从秩序到混乱。相反，对于一个开放的系统，因为可以和周围进行物质、能量和信息的交换，有可能引入所谓"负熵"，会让这个系统变得更有序——秩序化。

贝塔朗菲的这段话，直白地说，就是非生命系统一定会朝着混乱无序的方向发展，而且会越来越混乱。生命系统却因为不断跟外界发生着交换，它就会改变混乱的局面，形成一定程度的秩序。整治混乱追求秩序，有可能是生命避免系统崩溃的一种本能，这种本能或许来源于生存需要。非生命系统不存在生存需要，它就听任混乱发生，且越来越混乱，直到系统崩溃。

1977年诺贝尔化学奖得主比利时科学家普利高津认为，在一个开放系统里，有两种力量在打架，系统到底是走向无序还是有序，就要看两种力量哪个更强。第一种力量叫"熵产生"，它是制造混乱、增加无序的罪魁祸首。第二种力量叫"负熵流"。熵衡量的是系统无序程度，能让系统的熵减少并给系统带来秩序性的能量流和物质流就叫负熵流。它可以是系统从外界摄取,也可以是系统向外排出。如果负熵的速度大于熵产生的速度,这个系统就可以自发地走向有序——秩序化。

贝塔朗菲还认为,对于一个有生命的系统,其功能并不等于每个局部功能的总和,或者说将每个局部研究清楚了,不等于整个系统的研究也就清楚了。比如熟知人体每一个细胞的功能,并不等于清楚了整个人体的功能。相反,多出一部分,整体的功能未必会增强,少掉一部分,相应的功能也未必会失去。

他的观点,道出了生命系统的复杂性。

了解生命系统与非生命系统的本质区别和特征,我们才有可能学习并掌握系统思考的方法。掌握的前提是认识。

其实,对系统的思考古已有之,古罗马哲学家普鲁塔克在公元1世纪提出的忒修斯悖论,表达的就是机械论与系统论之争。这个悖论说,忒修斯有一艘船,木板腐烂后就会马上被替换掉,久而久之,这艘船的所有木板都被置换了一遍,于是问题来了:船身木板已被全部置换的这艘忒修斯之船,还是原来那艘吗?如果不是,那么在什么时候它不再是原来的那艘船了?

这个悖论立即把参与争论的哲学家分成了两大阵营,其中一派认为还是原来那艘船,另一派则认为不是。事实上,在普鲁塔克之前,苏格拉底、柏拉图等伟大的哲学家都讨论过相似的问题,然而直到今天,这个问题的争论依然没有结束——问题还是那个问题。

17世纪英国伟大的政治家、哲学家托马斯·霍布斯对这个著名的"忒修斯之船"进行了延伸，他提出，如果用忒修斯之船上取下来的老旧木板重新建造一艘船，那么这两艘船中哪艘才是真正的忒修斯之船？

这个悖论的意义在于，它引发了古人对世界系统性的思考，因为这个悖论涉及一个关键问题：整体是否等于局部之和。比如，人体一直在不断地进行新陈代谢和自我修复，那么多年以后的这个人还是原来那个人吗？如果不是，从什么时候开始的？如果是，用什么来确认？

忒修斯之船的争论有可能一直进行下去，永远也不会有一致的结论。在我看来，忒修斯之船的争论，结果已不重要。这个争论的意义在于，它逼迫我们激活脑细胞，以系统的思维方式去探索世界的真相——这正是我在《哲学：复活的价值趋势》一文中提出的观点：哲学有哲学的长处，科学有科学的短板，谁也不能替代谁。

无论是一艘船、一个学校还是一个人的身体，都是一个系统。系统不是一堆事物的简单集合，而是由一组相互连接的要素构成并能实现某个目标的整体。

变化是系统的根本属性，不管是生命系统还是非生命系统，都无时无刻不处在变化之中。没有变化的系统是不存在的。生命系统不停地对抗混乱，非生命系统却热衷于制造混乱，它们都是变化的表现形态。德内拉·梅多斯认为，系统的变化不是单因单果，而是多因多果。它不是线性变化，而是非线性变化。系统可以保持原状，可以加速增长，也可能突然被打破——这就是系统的复杂性。对宇宙这个巨大的复杂系统,我们能做的就是尽可能去倾听系统、理解系统,顺应它的特征跟上它的节拍,然后优雅地"与系统共舞"。

要实现"与系统共舞",我们必须对系统的"粮食"——能量有充分的认识。能量是维系复杂系统特别是生命系统的关键要素,是打开宇宙奥秘之门的钥匙。

没有能量的存在就是虚无。

在人类文明系统中,能量是最为重要的一个考核指标。苏联科学家卡尔达肖夫将宇宙文明系统分为3个等级,其中,Ⅰ型文明能够使用它所在行星的所有能量,Ⅱ型文明能利用它所在恒星系的所有能量,Ⅲ型文明能利用它所在星系(如银河系)的所有能量。按照这个标准,人类文明系统尚未达到Ⅰ型文明,但是已经颇为接近了。

斯坦福大学教授伊恩·莫里斯在《西方将主宰多久》一书中认为,在使用能量总量的背后,既反映出一种文明当时的发展水平,也反映出它能够创造财富或者动员战争的可能性。能量不是唯一衡量文明水平的标志,但它是一个非常方便实用的指标。

莫里斯认为,在人类早期,每天获得的能量只能勉强维持生存,文明根本无法开始,也谈不上科技发明。人类的快速进步是因为借助了外力:衣服帮助人类节省了能量,取火技术的发明使人类活动所获取的能量大于生长和生存所需,可以用剩余的能量改变世界。在此之后,人类有了一系列的技术进步,帮助人类实现了能量上零的突破,逐渐开启了能量利用上的正循环,人类文明也就逐渐启动了。

对于人类系统来说，能量的重要性不言而喻。中国历史上每一次小冰期通常都伴随着北方游牧民族的南迁，因为他们在北寒地区无法获得让部族生活和繁衍所需的能量。中国历史上的王朝末期，由于人口太多，农业提供的能量无法养活，必然爆发动乱，造成大量人口死亡，从而腾出大量耕地，新王朝出现——这个悲伤故事背后发生作用的，就是能量的供需矛盾。旧王朝的腐败和残暴，只不过是点燃引爆矛盾的那根火柴。[1]

一个系统能够利用的总能量，决定着这个系统的兴衰——这就是系统的真相，也是宇宙的真相：没有能量，便没有一切。

在人类社会，秩序是系统长期有效利用能量的重要保障，相对宽松而又秩序紧密的社会系统是能量利用的最优解。法律的约束力和相对公平的市场秩序，可能是未来人类社会系统关系纠缠的理想模式。这种模式能保障整个系统对能量的有效利用：最小的浪费和最大的收益。

人类文明发展过程中形成的种族、宗教、国家、法律、经济、货币、金融、文字、互联网等，是有别于自然系统的复杂网络系统，然而其本质仍是能量与信息的流动和关系纠缠——它们不过是模仿自然系统的一种虚拟表达。宇宙系统是最高法则，任何其他系统都无法脱离宇宙法则而独立存在。

---

[1] ［英］马尔萨斯：《人口论》，周进编译，北京大学出版社2008年版，第7章。章典等：《气候变化与中国的战争、社会动乱和朝代变迁》，《科学通报》第49卷第23期，2004年12月。

系统的复杂性还在于，在一个较长阶段的某一个时间点上，往往一个很小的变化就会引发重大事件，导致整个系统重新调整或重组，甚至崩溃重来。比如陨石坠落导致物种大灭绝，以及由此而来的生态系统重组。1988年，美国物理学家皮尔·巴克和中国科学家汤超共同提出一个沙堆模型，形象描述了这一不可预测的现象：你缓慢地往沙堆上重复撒沙子，原本很轻很轻的沙子一粒粒地落在沙堆上，用不了多久，沙堆就会突然崩塌。国家动乱、行业变迁、社会冲突、金融市场崩盘，都属于类似现象，有人把这种现象称作"广义泄洪原理"，或者"黑天鹅事件"——非常难以预测且不寻常的事件，通常会引起连锁负面反应，甚至颠覆。

所以，与系统共舞，看似诗意浪漫，其实非常复杂。

系统本质：非线性纠缠

如果宇宙大爆炸是事实，那么我们已知的系统就是这次大爆炸的产物。这种解释好像又回到创世的惯性思维中去了，但这是目前人类的认知边界，这样说有助于理解，不然我们就没法描述这个世界，因为对大爆炸之前的宇宙世界我们一无所知，且有可能永远不会知道。

在已有的人类认知范畴中，宇宙开始于大爆炸，然后它不断膨胀，造就了宇宙，也造就了人类。它会无限膨胀下去吗？它有没有一个膨胀极限，会不会像个肥皂泡一样最终"砰"的一声崩裂，重归虚无？如果我们确信宇宙是物质的，它就应当有一个膨胀极限，早晚有"砰"的一声巨响，否则，物理学就无法自圆其说。但是，我们完全不知道这些情况。因此我们只能在可以认知的范畴内讨论一切事物，并且只能以宇宙始于大爆炸为前提。

在我看来，也许大爆炸只是宇宙的某个区域一次重量级的聚合事件，也许宇宙中有无数次这样的爆炸。我的意思是说，在人类已知的这次大爆炸之前,宇宙已经存在,这次大爆炸不过是已有宇宙的一个小小的偶发事件。我的这个推论虽然没有物理学证据,但有逻辑学意义:它是可能的,就像奇点也只是大爆炸的一种可能。我认为,始于137亿年前的大爆炸应该是物质、能量纠缠的结果,即原来宇宙系统在某种特定的状态下发生了这次爆炸。

现有的物理学却认为,这次大爆炸始于一个致密炽热的奇点(这同样是一个假说),但这个奇点是从哪里冒出来的,却没人能说清楚。这个假说只能算是人类极限想象力的自说自话,连逻辑存在都算不上,因为它存在一个巨大漏洞:它无法描述大爆炸之前的宇宙。不过,这个打了无数补丁的假说,也就是宇宙始于一个滚烫的、既存在又不存在的奇点的说法,给我们提供了一个有用的支点。有了这个支点,我们就能继续探讨宇宙问题,否则,我们的双眼就在永恒的黑暗之中。

在我看来,已知的宇宙就是一个巨大的系统,银河系只是宇宙系统的一个很小的分子。在大尺度上,身处银河系的太阳更是一个微不足道的存在,但这并不影响以它为中心的独立小系统的形成,这个小系统经历了几十亿年的风风雨雨才逐步成为今天这个样子。可以想象,古老的太阳系和今天的状态并不一样,它从混沌到秩序,从无序到有序。作为宇宙角落里的一个小泡泡,随着宇宙的不断膨胀,太阳系今后会怎样,我们无从知道,它也会有灰飞烟灭的一天吗?我们不知道,但我们知道,作为宇宙大系统的一个小系统,目前它就在那里,非常精确有序地运转。

地球作为太阳的一颗行星,也自然经历了无数次偶然的演化。月球作为地球的卫星就很好地证明了地球诞生的偶然性:没有月球的守护,地球也不可能是今天这个样子,人类也不大可能出现。无数次宇宙物质能量的纠缠演化,形成了今天天文学家观测到的太阳系。这种偶然的演化过程,就是系统的形成过程。一切都是偶然的小概率事件,在宇宙之内,没有"必然"这回事,一切都是"一不小心"造成的。

地球系统的形成,也是一个复杂而漫长的过程。古老的地球在某种偶然的状态下诞生了生命,随着时间的推移,便诞生了复杂的生态系统。生命的偶然诞生,本身就是一件极其神奇的事件,它的神奇程度一点儿不亚于那个火热的奇点偶然出现并发生剧烈爆炸诞生宇宙。事实上,到今天为止,我们依然不清楚包括人类在内的生命究竟从哪里来,"天上说"和"地上说"各执一词,谁也不能说服谁。但我们可以说,生命来自太阳系统各种复杂系统的纠缠。纠缠过程中,某个偶发因素触动了某个机关,生命就诞生了。地球生命的演化并非必然,只是无数偶然的结果。这个说法有些魔幻,也许就是真相。

地球系统、生态系统、人类社会系统本来就是关系纠缠的产物,但是奇怪得很,诞生于系统的人类,却很少用系统思维、系统眼光去看待问题,人类更喜欢用简便的线性思维去作判断,因果论成为人类认知工具的霸主——即使在以博大精深著称的佛学里面,因果论也是王道。或许,今天的人们如此痴迷于因果关系,恰恰就是人类自说自话而得的:人类虚构了因果关系,然后相信它就是描述世间万物变化的真理。在我看来,这种基于因果关系的思维,是非常有害的,它遮住了人类的智慧之眼,成为典型的盲人摸象。

认知复杂网络系统,必须明白一个简单的事实:系统之所以是系统,是因为它的复杂性。它不是一个机械的组合,而是无数系统的叠加态。小系统以单元的形式参与到大的系统之中,各种系统又以奇妙的组合方式参与能量分配,彼此竞争又相互依存。它们之间无法分离,一旦分离开来,系统便不存在了。而且各种子系统也组装不成一个生龙活虎的完整系统,如人死后,各种器官都在,但这个人的生命已经不存在了。

自然系统由自然演化而来,然而,自从有了人类社会,便创造出无数虚拟系统,比如国家、贸易、文化、艺术,等等。虚拟系统是真实的存在吗?这个貌似简单的问题,其实触及人类文明的基石,因为人类文明就是基于原始认知的神话虚构,这些子虚乌有的虚构经过层层叠加和复杂化,逐渐成为人类的集体无意识。这些虚构事实上成了人类的文化基因,虚构成了真实的存在。毫无疑问,没有古老的虚构,人类就不会是今天这个样子。虚构造就了今天的人类,虚拟系统本质上成了真实的存在:它们相互纠缠并发生作用。

在地球系统中,生态系统有几十亿年历史,而人类系统只不过是生态系统演化的一个偶发事件。人类拥有了虚拟的文明系统,从而拥有了对生态系统极大的影响力,其中某些基于短期功利的影响，正在把人类和地球生态引向未知。

人类虚拟系统的创立以及人类因此而拥有的强大影响力，使人类变得自高自大，并自诩为地球系统唯一的理性动物。其实，在我看来，地球这个系统中并不存在所谓的理性人，所谓理性也是人类自己虚构的。比如说，人类一只手握着核武器的开关，另一只手却在挥舞和平的大旗，这是理性吗？人类发明了汽车，却无力阻止化石燃料造成的气候和生态灾难，这是理性吗？

在宇宙系统中，单个的人也是一个小系统。过去医学把"人"作为一个系统时，更多的是机械化的认知。人不是一个钟表系统，不是各种零件的组合，而是一个运动中的"活物"，是一个复杂叠加的、相互嵌入的整体。现代科技也证明人体系统中有大量的微生物族群，这些族群参与我们大脑决策，补充我们基因的不足，是不可或缺的一部分。

关系纠缠是系统的本质，没有纠缠也就不可能有系统的存在：我在这一刻敲动键盘，电力和各种应用程序发生复杂的关系纠缠，才把键盘的敲动变成虚拟的文字，然后文字一个个组合起来，变成了有意味的虚拟情景，最后变成了一篇系统化的文章，然后随着文章的传播，被人们阅读，并可能影响阅读者的认识，形成进一步的关系纠缠……这就是关系纠缠，时时刻刻无处不在，它们奏响了一曲曲美妙的宇宙之歌。

我相信，宇宙大爆炸的那个滚烫的源点，一定也是某种尚无法理解的系统纠缠的产物：在复杂的关系纠缠之中，它被创造出来，出现在那里，然后同样因为某种看不见的关系纠缠，引发了剧烈的爆炸。然后，然后，再然后，就是我坐在这里写这些文字，并为那个源点来自哪里、为何出现在那里而不是别的地方而大伤脑筋。

纠缠：形态与层次

美籍英裔科学家戴森在《反叛的科学家》一书中说，有些特别厉害的科学家年老后容易产生一个非常自大的想法，就是要建立一个一统江湖的理论。这种思想可以叫作"还原主义"，也就是用极少的几个基本原理去解释世界上的一切事物。例如，很多物理学家有一个梦想，希望能发现这个世界最根本的方程，这些方程应该特别美、特别简单，乃至于能写在一张餐巾纸上，随时可以使用。有了这些方程，一切物理定律、化学现象，乃至生命问题都可以推导出来。这些美丽的梦想，真的十分诱人。

爱因斯坦40多岁以后就一直在追求这个"大统一理论"，可是一直到死也没成功。举个例子，黑洞理论是爱因斯坦广义相对论的产物，但是爱因斯坦对黑洞不屑一顾。第一个使用广义相对论推导出黑洞的是美籍犹太裔科学家奥本海默，而奥本海默也不在乎黑洞。他们认为，黑洞不值得研究，物理学家应该去发现终极理论，黑洞只能算二流的东西——其傲慢如此。德国数学家希尔伯特也有一个类似的梦想，希望能找到一个终极方法，自动地、系统地、机械化地去证明任何数学定理,然而他也是到死都没成功!直到美国数学家哥德尔出来证明不完备性定理,人们才明白这些终极梦想根本不可能实现。

大统一理论和终极数学方程的破产,是因为爱因斯坦等伟大的科学家犯了一个低级错误,那就是他们试图用一个简单的公式来解释无比复杂的宇宙。这个想法是十分可爱而且值得敬仰的,但它注定要失败。如果宇宙这个无比复杂的系统是一座高山,人类目前的认知能力仅相当于高山下的一只小蚂蚁。很显然,以一只小蚂蚁的有限眼光和能力,是无法理解和把握这座巍峨大山的真相的——那是几万亿个数量级的差异。不要说巨大无比的宇宙系统,就算很小的人体内部这个小系统,人类也知之甚少。人类对系统的认知,还停留在非常肤浅的水平上,更别说复杂系统之间的关系纠缠。

我绝不是要号召人类自轻自贱,我只是想说,宇宙实在是太复杂深奥了,以人类仅有的科学知识和技术去掌控宇宙的终极秘密,这本身就是痴人说梦。譬如说,我们连下一秒会发生什么事情都不知道,还奢谈什么终极理论呢?

宇宙系统之复杂,就复杂在它是由无穷无尽的关系纠缠来决定其性状的,而且这种纠缠是动态的、瞬息万变的,这正是它的复杂所在。关系纠缠是复杂系统与复杂系统之间、复杂系统与更大的母系统和更小的子系统之间叠加、融合的状态,物质、能量、信息在关系纠缠中形成、增减和裂变。

由于关系纠缠还是一个未知的"黑箱",我想从哲学角度给出几点肤浅的猜想。首先，我认为关系纠缠有3种基本形态：共生、相生和相克。

共生关系纠缠

共生就是不同事物之间形成的紧密互利关系。

在共生关系中，一方为另一方提供有利于生存的帮助，同时也获得对方的帮助。以人体为例，在几百万年的演化历史中，人体内的各种菌群和人体机构之间形成的便是一种互利共生关系。人体健康无法离开千亿级的菌群系统，没有菌群系统，人体这个大系统就会崩溃。医学界提倡母乳喂养，就是希望通过母乳喂养这种方式，把有益的菌群直接传递给婴儿。没有菌群的帮助，人类一天也活不下去。没有人类系统这个载体，这些特定的菌群也无法存活。因此，人类与菌群是共生的关系纠缠。

人类文明，也是在某个特定的地域和生产力状态下形成的各个要素之间的共生关系。在大自然这个复杂系统中，动物和植物以及食物链之间都是一种共生关系。在家庭系统里，家庭成员之间也是一种共生关系：同甘苦共患难，爱和被爱，帮助和被帮助。

相生关系纠缠

相生是指事物之间互为因果。

在一对（多对）关系纠缠中，一种事物的出现有利于另一种事物的发展，这就是相生关系纠缠。《易经》对此种关系阐述得非常清楚：金生水，水生木，木生火，火生土，土生金。中国古人在很早时期便知道这种关系，并在此基础上创造出强大的中国医学。《易经》是中国古人复杂系统理论研究的源头,不懂《易经》,便无法理解中国医学的价值和意义。在中医文化中,把人体看成是一个可以自我治愈的复杂系统,只要内部系统之间保持平衡,人就不会生病。平衡被打破,便会产生寒症和热症,《黄帝内经》对此多有阐述。中国古人对相生关系纠缠的认识非常深刻,并把这些了不起的发现应用到实际生活中,造福人类。

在社会学领域,相生关系纠缠无处不在,比如技术和财富就是一种相生关系。新的技术出现,必然会促进新的社会分工,提高生产效率,从而创造出更多的社会财富。城市化和财富也是一种相生关系,城市化使人类组织更加紧密,社会分工更加精细,自然有利于财富的增长。国际化和财富也是一种相生关系,其中,国际贸易能大大促进人类财富的增加。

当然,系统的相生关系纠缠并不都是正效应,也会产生负作用,因为所有的关系纠缠都有峰值,峰值一过就是下坡路。比如新技术和财富、城市化和财富、国际化和财富的关系纠缠,开始是明显的相生关系,但随着量的增加,效果会逐步下降,直到完全没有效果,甚至反方向流动。又比如货币与市场的关系纠缠,增发货币客观上推动了市场流通,增加了市场活力,然而当货币严重超出后,便会造成市场恐慌,反而阻碍市场的持续繁荣。

相克关系纠缠

相克就是不同事物之间互相克害、犯冲。

在一对(多对)关系纠缠中,一种事物的出现阻碍甚至毁灭另一种事物,这就是相克关系纠缠。例如中世纪欧洲的鼠疫,造成欧洲人口的锐减。又比如西班牙人给美洲带去天花病毒，让原本具备足够自卫能力的美洲土著大量暴亡，从而对美洲文明造成毁灭性的破坏。

在中国文化系统里，对相克的关系纠缠也有形象的描述：金木水火土五种物质之间有互相制约（妨克）的关系，金克木、木克土、土克水、水克火、火克金。这种朴素的辩证唯物哲学思想，是中国古典哲学、中医学和占卜学的基础，也是中国人最原初的认知工具。五行学说虽然过于简陋，但在这一原始框架下，我们可以形成一个认知的边界，能够在一定限度的范畴内对世界进行一定限度的探索和认知，从而避免认知的虚无。

系统的复杂纠缠除开具有共生、相生和相克三种形态以外，还有物理、化学和核变三个层面的关系纠缠。

物理层面的关系纠缠

一个复杂系统与另一个平行复杂系统之间的关系纠缠不会导致事物本质的变化，这就是物理关系纠缠，也是最低层次的关系纠缠。比如人体内的心、肝、脾、肺、肾的关系，它们之间相互影响，这种影响是显然的，但是没有质变。在社会科学中，霍布斯的《利维坦》，孟德斯鸠的《论法的精神》，道格拉斯·C.诺思等的《暴力与社会秩序》，阿西莫格鲁和罗宾逊的《国家为什么会失败》，马克思的《资本论》，马克斯·韦伯的《新教伦理与资本主义精神》等，都是对这种物理纠缠的深刻阐释。

化学层面的关系纠缠

一个复杂系统内部和相关平行系统之间形成质的变化的纠

缠，就是化学关系纠缠，是关系纠缠的第二个层次。人类经历的各种战争和经济危机属于这个范畴，最近几十年出现的行为经济学，也属于这个部分。

化学关系纠缠可以是长时间不变，也可能在某一时刻剧变。比如蒙古人的入侵、南宋的灭亡，就改变了中国历史的走向。罗马灭亡后的西方世界也因化学关系纠缠而改写，美洲的历史也是如此。

法国的年鉴学派对历史的研究属于这个层面，这个学派出现在20世纪30—40年代，60年代达到鼎盛时期，代表人物是布罗代尔。布罗代尔把人类历史发展分为长时段、中时段和短时段，对应的是地理时间、社会时间和个人时间。布罗代尔认为，没有单纯的经济史、政治史、社会史，历史就是总体的历史——从这点来看，年鉴学派掌握了复杂系统的整体理解思路，这是历史研究的巨大进步。

核变层面的关系纠缠

不同量级系统之间、平行系统之间形成或崩裂的关系就是核变层面的关系纠缠，这种纠缠是物质能量的重现，是一个系统的死亡和重组，是关系纠缠的最高形式，是复杂系统产生的原生动力。

从宇宙角度来看，宇宙大爆炸就是这种核变性质的关系纠缠，大爆炸导致所有能量关系、结构关系的重构，银河系、太阳系、地球，以及所有物质的形态，均来自这种核变关系纠缠，这是一种原生关系。地球生态系统的形成，也是无数次核变关系纠缠的结果。地球上的几次生物大灭绝，都可以归到此类关系纠缠。

毋庸讳言，把关系纠缠、物质能量流动分成三种形态和三个层面过于简单，但为了方便认知，也只能如此——只有通过简化或简单的模型，我们才能理解、认知这个世界，否则，我们面对茫茫宇宙会不知从何着手。然而，模型只能是模型，它不是世界的真相，而是我们基于自身认知能力对世界的一种框架性描述。它有可能是去往真相之门的钥匙，但它不是真相本身。

当然，即使有了一个简易的认知模型，要准确描述一种复杂的纠缠关系也是很难的，因为事物之间的纠缠关系往往就像一团乱麻，理顺是可能的，但非常麻烦——何况我们面对的不是一团乱麻，而是一屋子的甚至满世界的乱麻！

探索充满未知和艰难，但唯有不停息的探索，才有可能认知世界，整治混乱。

纠缠内涵：能量与信息流动

世界是由系统组成的，那么不同量级的系统之间又是什么关系呢？它们不是整体和局部的关系，而是像不同年代的地质结构叠加融合在一起，你无法把它们分开。而且，任何系统都是活动的，是一个"生命"的整体。我把这种系统之间的依赖和竞争关系定义为一个新的哲学名词：关系纠缠。

关系纠缠有两个核心词汇："关系"和"纠缠"。世间万物无不存在于关系之中，而且纠缠在一起。

作为自然系统的组成部分，个人也是一个小系统，同时个人又是另外一个非自然的系统——人类社会系统的单元。人类系统和其他动物系统、微生物系统、天气系统、海洋系统、森林系统叠加在一起，交融在一起，共同组成地球的生态系统。你根本没办法把一个系统从整体中分离出来，因为每个系统之间有着千丝万缕的联系，谁也离不开谁。而且整个系统是一个"鲜活的生命"。正是这种纠缠关系，让整个系统，以及组建系统的各个子系统、孙系统都在产生无穷无尽的变化。

科学最大的问题就是肢解系统和断章取义。越来越细化的学科分类，把自然系统肢解得七零八落，最后发现所有的研究成果都无法"组装"还原出系统的全貌，不是多了一些东西就是少了一些什么。整体的系统并不等于局部相加之和。学科分得越细，越是强调各自学科的重要性和权威性，我们就越看不清系统的整体面貌。世界不是各个系统的简单相加，而是各个系统的关系纠缠。

有了关系纠缠这个工具，我们就可以从另一个维度来解释世界。有人说，没有哪个企业家是听经济学家的指导而发财致富的。为什么会这样？问题就出在经济学家是根据模型理解经济现象。模型是对复杂现象的简单判断，而不是动态的认知，真实存在的经济活动是非常复杂的动态纠缠，时刻受自然、政治、文化、人类欲望等动态系统的影响，因此机械的模型研究和结论是不可能用来作实际经济活动的指南的。

关系纠缠是一个不受欢迎的概念，因为它打破了人类的控制感：我们以为一切尽在掌握中，实际上一切都是按照系统纠缠的法则在发挥作用。关系纠缠的存在，使我们认识到这个世界大部分是人类未知的领域，这些未知领域无序且不受人类控制。对自然系统控制的无力，会让人类产生虚无感，感觉到人的渺小和无知，但这就是事实。承认无知会很尴尬和难受，然而承认无知恰恰就是进步的开始。用谦卑的心态去面对无知，才有可能扩展我们的认知。

我们发现，过去300年科学一直在向专业化、学科化前行，人类把太多的时间用到细节的研究上,从而忽略了对整体的思考:手术刀代替了哲学思考。科学技术的进步让人类产生了盲目的自信,以为人类可以主宰一切——这是一种荒谬的自大。在大尺度上,或者在我们看不见的世界里,我们可能啥也不是。

在关系纠缠中,不同量级的系统之间的关系有点像俄罗斯套娃一样,一层装着一层。当然这只是个形象的比喻,实际情况要复杂亿万倍。关系纠缠的认知是思维的升级,使我们可以从局部思维上升到整体思维,然后会发现影响事物过程的不是几个变量,而是许许多多变量。了解这种本质的差异就可以还原更真实的场景。

比如人类社会系统的演化,可能是受气候系统的影响,也可能是受病毒的影响,当然也可能是受宗教的影响,或者是人的控制本能发挥了作用,而不是简单的皇帝无能、宦官横行、外戚当政、外邦入侵等。整体思维有助于还原历史的真相。

关系纠缠是一个全新的课题,可以简单分为物理层面的纠缠、化学层面的纠缠、核变层面的纠缠。然而,即使运用整体思维去进行研究,我们也不可能完全掌握系统的真相,只可能无限接近真相。

当然,关系纠缠或许只是一种现象,关系纠缠的内涵是物质能量和信息的流动。

我提出关系纠缠这个哲学概念,是基于这样一种事实:科学对现实的肢解以及人类对科学技术的非理性应用(比如原子弹和化石燃料),正在把人类导向未知。人类科学某些方面的非理性已经到了非常危险的地步，究其原因就是人类的认知思维出现了严重问题：对局部的迷信和对整体的忽视。换句话说，由于对科学本身的迷信，使得人类正在变成科学技术这部庞大机器的零件，人类的定义正在被改写。一个彻底异化的人类还会是人类吗？一个不再有血肉之躯而仅仅存在于意识之中的人，还会是人吗？因为科学技术掌控了人类的一切，把人类数字化，人类以往那些充满温情和诗意的关系将不复存在，那些激动人心的爱也将不复存在，那些古老的人伦关系也将土崩瓦解——这样的社会系统对于人的意义又在哪里呢？所以，当我们面临如此严峻的大考时，我们就必须反思问题的根源，重新掌握整体思维，重新认识系统的关系纠缠，以维持整个自然系统的平衡，确保自然意义上的人类的持续存在。

人类需要科学，同样需要哲学家振聋发聩的声音。一个只有科学而没有哲学的社会，会变得越来越机械、冰冷、无趣和无情。

脆弱性:关系纠缠的命门

鱼类和森林能相互促进生长,鹤能影响火腿的产量,狼群能保护河道,蚯蚓能危害野猪,而人类对动物的保护,可能会破坏森林的生长——这些说法好像天方夜谭,却是千真万确的事实。万事万物一直以我们难以理解的复杂方式相互纠缠,彼得·渥雷本①在《大自然的社交网络》一书中将这种关系纠缠称作大自然的"社交网络"。

在北美洲的西北部沿岸地区,生活着大量的鲑鱼,这些鲑鱼幼年时从河流进入大海生存,生成熟后会逆流而上,回到出生地交配产卵。坐落在鲑鱼洄游路线附近的森林,其生长速度是其他地区森林的三倍。这一不可思议的现象,长期以来都没得到合理

---

① 彼得·渥雷本:生于德国,童年即立志成为自然资源的守护者。为实现用生态平衡体系管理林区的理想,他辞去公职,在德国埃菲尔地区领导并管理着一片环保林区,致力于恢复这片森林的原始形态,并就森林和环保等主题发表演说,开设课程,著书立说。已出版《大自然的社交网站》《树的秘密生命》《森林——一场发现之旅》等十余部作品。

的解释。后来，经过详细调查研究才发现，这些森林的疯长竟然与鲑鱼有关。每年在鲑鱼洄游的季节，森林的捕食者们都会守在河道附近，抓捕大量的鲑鱼享用。它们的按时出现，无意中给河道边的森林提供了丰富的养料，促进森林生长。这些捕食者中的熊是捕鱼专家，也是浪费食物的能手，它们把吃不完的鲑鱼残块随处扔掉，这些残块就被等候着的水貂、狐狸、鹰，还有各种昆虫和微生物吃掉，然后这些肉食者把大量的粪便留在附近的土地上，成了树木的丰富养料。看似跟鲑鱼毫无瓜葛的森林成了鲑鱼洄游的最大受益者，它看似没付出任何代价，却获得了丰富的肥料。

然而，森林绝对不是白吃白喝的懒虫，它给鲑鱼的反馈，生动展示了美妙而复杂的物种关系纠缠。河道边繁茂树木的落叶中含有某种酸，这种酸类物质可以促进浮游生物的增长，所以沿河岸地区树木越多，落叶越多，河流的浮游生物就会越多，以浮游生物为食的鲑鱼等也就越多。鲑鱼促进了森林的繁茂，森林又间接提供给鲑鱼丰富的食物，它们之间形成了一个正相关的良性循环。

世界真奇妙！

小小的蚯蚓与体形庞大的野猪有关系吗？当然有，而且是一种神奇的关系——蚯蚓控制着野猪这个物种的数量。可以说，蚯蚓就是野猪的"神"。

在德国的森林中，蚯蚓是野猪稳定的食物来源，它们大量生存在森林的土壤里，疏松土壤，并给野猪提供丰富的动物蛋白质。然而，这些成吨的美味也是野猪的噩梦。蚯蚓在被野猪吞下时，它所携带的寄生血线虫的幼虫也随之进入野猪的体内，通过野猪的血管定居在野猪的支气管上，最后导致野猪肺部发炎、出血，呼吸系统变弱，然后衰竭而死。在这个过程中，寄生的血线虫会陆续被排出野猪的身体，进入土壤，寄生到蚯蚓身上，再被其他野猪吃掉，引发呼吸系统感染、出血和死亡。因此，野猪的数量越多，通过蚯蚓传染的血线虫也就越多，死亡的野猪也就越多，直到野猪种群的数量回落到一个与周围生态环境相适应的程度。然后，数量又逐渐增多、增多，到达极限，崩溃、回落……如此，蚯蚓与野猪之间形成一个制约关系：野猪吃掉蚯蚓，蚯蚓通过血线虫控制野猪的数量，让彼此都不会超过环境的承载力。

这些神奇的故事生动形象地说明了一个道理，不同事物的联系是多向的、立体的，这种复杂元素之间的关系纠缠可以是相互促进，也可以是相互抑制，而非简单的因果关系，也不是简单的食物链关系。大自然以其持有的方式，让各个物种进行复杂的关系纠缠，互相促进，互相制约，从而构成一个庞大而平衡的生态。

在这庞大而复杂的系统中，一个小小的偶发事件，就有可能引发可怕的蝴蝶效应，甚至会导致系统的重大调适——这是系统关系纠缠的另一种复杂性。所谓蝴蝶效应，就是在一个动力系统中，初始条件下的微小变化能带动整个系统长期而巨大的连锁反应。蝴蝶效应证实事物在发展过程中有规律可循，同时也存在不可测的变数，一个微小的变化就能影响事物的发展。

蝴蝶效应的存在，本身也证明了在同一个系统之中，各个元素之间互相纠缠的关系是何等的紧密，互相之间的依赖程度是多么严重，以致其中发生一点点微小的差错，就会导致整个系统的灾难性变化。而系统与系统之间，如人类社会系统与自然系统之间，太阳系与银河系，乃至与整个宇宙系统之间，关系纠缠莫不如是。中国成语"牵一发而动全身"可谓是对系统复杂纠缠关系生动形象的描述，同时也说明中国人在很早的时候就已经认识到了事物之间关系纠缠的复杂性、脆弱性和高度依赖性。

西方有一首民歌，也生动诠释了事物之间高度依赖、互相制约的复杂纠缠关系：丢失一个钉子，坏了一只蹄铁；坏了一只蹄铁，折了一匹战马；折了一匹战马，伤了一位骑士；伤了一位骑士，输了一场战斗；输了一场战斗，亡了一个帝国。

你看，小小一个钉子的丢失，竟然导致了一个帝国的灭亡。这首民歌所描绘的场景有些夸张，却道出了世界的真相——看似毫不相干的事物之间，其实存在着巨大的关联性：紧密的关系纠缠。

新冠病毒感染疫情，已经对世界格局产生了深远的影响，特别是对世界经济的影响无法估量。病毒与经济有关联吗？没有关联？关联巨大，这就是病毒系统与人类经济系统关系纠缠的复杂性。

在宇宙各个系统的关系纠缠中，人类社会系统只不过是其中的一部分，甚至可能是微不足道的一部分（人类的感官放大了自我）。人类还没有达到可以控制历史方向、历史进程的程度，在大自然面前，今天的人类跟20万年前的人类并无多大区别。人类的一切行为必须在自然规律的范畴之内进行，否则就会受到严厉的惩罚。大自然系统的关系纠缠需要人类服从，而不是随心所欲的破坏和自行其是。等到哪天真正超越了大自然的控制，我们再去考虑随心所欲自行其是吧，而今天，我们能做的就是服从自然法则。

在大自然系统复杂的关系纠缠中，一个肉眼不可见的小小病毒、一次自然灾害、一次突发的气候变化，或者其他什么一个偶然的事件，都有可能改变人类历史进程，人类却无力控制。它们就像那个小小的铁钉，原本毫不起眼，然而一旦进入系统的关系纠缠，就有可能造成致命的后果。

认识系统关系纠缠的复杂性、脆弱性和高度依赖性，我们才能回归敬畏。以"上帝之手"把人类这个自大物种从宇宙中轻轻抹掉，且不留下丝毫痕迹，那可能是再容易不过的事情。统治地球近2亿年的凶恶恐龙，不就是被"上帝之手"丢弃的一个小小的石块给轻轻抹去了吗？

对万事万物的敬畏，还包括谨慎对待人类自己的科研成果。比如，人类发现了原子能，却用它制造出了人类集体自杀的利器！人类发明了智能机器，却用它来取代人类自身！人类发明了互联网，它却成了网络暴徒的乐园！……这样的科技成果，对人类的正向意义何在？科学技术某种程度上似乎已经成为反噬人类的恐怖工具，然而并未引起人类高度警惕，人类还在喧嚣声中奋力释放不可控的自然之力，就像德国森林中的那些野猪一样，在暴食肥美蚯蚓的同时，给自己带来致命的危险。

可以断言，城市化、互联网、基因技术在给人类带来种种便利的同时，也在破坏大自然亿万年形成的系统秩序，这种疯狂的破坏可能会在某一个时间点突然达到奇点，引发巨大的蝴蝶效应，导致人类高度依赖的自然系统瞬间崩溃。

这不是呓语，因为原子弹的威胁、越来越严重的气候灾难、智能机器人即将滴落的第一滴眼泪，已经在警告人类，这个可怕的奇点，离人类不远。

人性的贪欲若无止境，终将埋葬自己。我真的不知道，自然赐给人类所谓的智慧，到底是一种奖励，还是恶毒的诅咒？

几千年前的思想家已经警惕人类对自然秩序的破坏，并谆谆告诫后人敬守天道。基督教的末日审判，就是告诉人们不能被欲望控制；中国文化中的"敬天爱人""天道""理"也是希望人们能以谦卑的姿态对待自己和整个宇宙。然而，人类进入现代社会以后，就被科学宗教迷昏了头脑，抛弃祖宗的告诫，一天天把自己当成了无所不能的"上帝"——正是这种妄图控制世界的思想把人类引入了歧途。

野猪与蚯蚓，鲑鱼与森林，铁钉与帝国，恐龙帝国与小小的陨石……这些或悲伤或欢欣的故事，无不指向系统的巨大复杂性，指向关系纠缠的不可控制性。人类社会和自然界都是极其复杂的多维立体网络，我们假设这个多维网络有10亿个节点，每个节点又和上万个节点有联系，那么这个多维网络的关系纠缠就有10亿的万次方——这是一个远远超出人类理解能力的数字，不是人类目前的认知能力和认知工具可以搞清楚的复杂关系。

当然,掌控更是无从说起。

因此,谦卑是通向更高层次未来的最好姿态。

相关性：人类系统纠缠

世间万物并不是简单的等比缩放，在更大尺度上，它们另有一套规律，也就是整体不等于局部之和。世界的本质是系统和系统之间相互纠缠的结果，这种系统之间的纠缠决定了系统的大小、生存方式和相处方式。这也能说明人为什么比老鼠大而比大象小，一切都是演化的产物。纠缠背后的本质是物质能量的获取方式、转化方式，留存下来的是信息记载方式，譬如人的基因就是一种信息固化后的记录与传承。

杰弗里·韦斯特在《规模》一书中说，生命的成长除了体重的增加之外，还意味一件事情，那就是"分形"，简单讲就是一个东西的上一层结构和下一层结构会呈现一种自相似性。这个很好理解，一个受精细胞不断分裂的过程，便是一个生命的形成过程，从单个生命来看，这种分裂过程是按照基因设计图纸进行的，也就是信息记载原理。根据科赫曲线，分形的过程，可以改变维度，比如人体的血管组织，尽管血管本身存在于三维空间，但通过不断分形，它的分形维度是可以四维的。

普通人理解的四维是在三维世界加上了时间维度，然而物理意义上的时间只是信息记载关系纠缠的一种量度方式，与韦斯特的四维不是一个概念。韦斯特的四维可能是存在于三维世界之中的某种物质，比如暗能量或者暗物质系统，在人类世界则表现为某种文化的力量或者某种精神力量。无论是生命系统或是社会网络系统，一定有我们看不见的连接和纠缠存在。生命不是一个机械系统，纠缠与联系无处不在，这些各种各样的连接效应都可以用四维来理解——它是另一种能量的流动，比如在互联网时代有各种特殊爱好的人群可以连接起来，形成很大的影响力。

所以，我们看到的往往只是肤浅的表象，人类社会是一个复杂的系统，以关系纠缠的方式存在，这种看不见的纠缠无处不在，无时不在发生。

在全球化的今天，国家本质上也是一个个系统，每个系统都可以理解为一个有独立意志的生命体。国家之间竞争，也是系统之间的纠缠。历史上的大帝国，并没有长期保持繁荣和稳定，原因在于超过了统一性和有效性的上限，系统就无法承受自身之重，衰落就必然要发生。人类管理能力的有限性，加上系统内部的分裂力量、外部世界的竞争，使得历史上的几个超级帝国最终都崩溃了。

然而，帝国的崩溃和消亡并不代表其文明也必然要消亡，威尔·杜兰特在《历史的教训》一书中认为，历史上那些辉煌的文明，并不会真的死亡，即使其外壳消失了，其内涵还在继续延伸——旧的文明血液会注入新的躯壳，从而获得新生，以全新的面貌与世界发生新的连接，产生新的关系纠缠。

在杜兰特看来，在人类这个大系统的关系纠缠中，有三大教训值得注意，因为它们往往决定了关系纠缠的结果。第一，自然条件往往决定了历史的发展，"地理好比孕育历史的子宫，培养着历史，规范着历史"。第二，"生命就是选择"。人的生理、心智，从诞生起就有差别，生物学偏爱这种差别，因为那是选择和进化的基础，结果是弱者恒弱，强者恒强。贫富差距只是诸多差距中的一种而已。第三，自然法则对野蛮和文明不加分别，一个文明程度更高的族群，经常会被文明程度相对低的民族入侵和毁掉。这样的例子，可以说俯拾皆是，如果用现代术语描述，就是劣币往往会驱逐良币，而不是相反。

在系统关系纠缠中，秩序发挥着重大作用。杜兰特认为，只有争强好胜的积极天性和顺从的消极天性相结合，社会才能维持秩序。

对杜兰特的结论，我并不完全认同。我认为，杜兰特的结论是线性思维的结果，是从各种历史事件中得出的直接结果，是一种政治正确，却不是事物的本质。在一个复杂系统里，我们很容易犯的错误是将因果链条搞反，或者把只有相关性的东西强加到一起。正如普通人常常把病和感觉联系在一起，认为身体舒服就是没病，不舒服就是病。或者把健康和疾病对立起来，认为健康就是没病，病就是不健康。事实上，疾病是生命的一种常态。疾病和健康之间，没有一条清晰的界限，人类社会也一样。

在一个医生看来，一个人的症状可能有10个以上的病理原因，只有通过排查才能找到真正的病因，而一种病因也可能表现出10种以上的症状，这正是复杂系统的复杂之处。经济学家、历史学家之所以得出一些线性的结论，是把复杂系统当成了机械系统的缘故。

人类社会是一个一个系统构成的大系统，在不同层级系统中共生成今天全球的面貌。在这种关系纠缠中，我们可以大概率预测到一个国家的强盛和衰落，却不可能依靠一个药方来拯救世界。就算有药方，也只有靠人类系统与所有其他地球系统统一起来才会起作用。我们不能简单地从数量得到某种结论。只有在系统关系纠缠中来考量，才有可能看到人类历史和人类社会的本质。

希腊衰落：一个纠缠样本

"修昔底德陷阱"指的是一个新崛起的大国必然要挑战现存大国，而现存大国也必然会回应这种威胁，这样战争就变得不可避免。希腊的雅典和斯巴达就是例子。这类例子，有助于我们认知人类社会关系纠缠的复杂性。

历史上，虽然雅典和斯巴达都曾小心翼翼地权衡利弊，避免冲突发生，战争最终还是爆发了，这就是著名的伯罗奔尼撒战争。

在伯罗奔尼撒战争爆发之前，发生过希腊同盟和波斯的战争，雅典领导希腊联军获得了胜利。在这之后，雅典的势力和威望逐渐壮大起来。公元前461年，伯里克利巩固了执政官的地位，伯里克利不想建立庞大的帝国，也不想挑战斯巴达，于是，雅典和斯巴达签订了30年的和平条约。这期间，雅典一直避免激怒斯巴达人，斯巴达人也配合得很好，可谓相安无事。

当时希腊有很多小城邦，一些城邦追随斯巴达，形成伯罗奔尼撒联盟，另一些城邦追随雅典，形成了提洛同盟。斯巴达有一个"小弟"——柯林斯城邦，柯林斯也有自己的朋友，一个叫墨伽拉的城邦。众多小城邦遇到一块，事情立即就变得复杂起来，关系纠缠就不可避免地要发生。

期间，雅典颁布了一个《墨伽拉法令》，墨伽拉人无法再将产品运到雅典市场出售。这个愚蠢的法令，让墨伽拉人从此对雅典心怀不满——一小群人的不满，开始像瘟疫一样传染给跟墨伽拉相关的更多群体，从而造成不可收拾的灾难性后果。雅典还有一个"小弟"叫克基拉，墨伽拉和克基拉正闹得不可开交，墨伽拉的上家科林斯对此极为生气，就跑到更高的上家斯巴达那里去告状，说雅典的坏话。情况于是变得不妙起来，雅典与斯巴达之间的和平约定极有可能化为乌有。

事情明摆着，斯巴达是科林斯及其更小城邦的"大哥"，科林斯来向斯巴达诉苦，说雅典的小伙伴们欺负它，如果斯巴达不理睬科林斯，那么斯巴达的盟友们就会对斯巴达嗤之以鼻——这不仅会伤害骄傲的斯巴达人的自尊心，更为严重的是，斯巴达的威望会受到很大影响，盟友们可能会抛弃斯巴达，另起炉灶，有的城邦甚至有可能倒戈，投靠雅典。

另一边，如果雅典不支持自己的"小弟"克基拉，克基拉也有可能叛盟，转而投靠斯巴达。

两个大国的争执，往往从外交开始。然而，由于根本性的问题没有得到解决，双方回旋的余地就越来越小，战争终于爆发了。

当时，雅典的优势在海洋，斯巴达的优势在陆地，伯里克利尽量避免在陆地和斯巴达开战，他寻求的是消耗战，当时雅典物资储备十分充足，这样就可以拖垮对方。然而，人算不如天算，公元前430年，一场瘟疫暴发，大量的阿提卡人涌入雅典城，雅典人满为患，加重了疫情。伯里克利因此遭到罢免，无奈之下向斯巴达求和。但这时的斯巴达人提出了许多苛刻的要求，实际上就是要雅典人放弃统治。随后伯里克利官复原职，但在第二年死于瘟疫。伯里克利死后，雅典采取了进攻性的政策，获得一些胜利。这时斯巴达表示愿意求和，雅典人又开始自我膨胀，斯巴达人终于失去耐性，一场旷日持久的战争——著名的伯罗奔尼撒战争就无法回避地爆发，最终导致雅典丧失其强国地位，希腊由盛转衰。

这段历史反映出三种关系纠缠：

1. 结盟可以壮大你的实力，也会引起更多的不确定性，几个小国之间错综复杂的矛盾，有可能把两个本来不愿意发生冲突的大国推到前台，发生直接对峙。

2. 一个组织系统内部并非铁板一块，在斯巴达和雅典国内都有鹰派和鸽派，有人想打仗，有人想求和，同时应对内部矛盾和外部矛盾，会给领导人带来严峻的挑战。

3. 其他系统对人类秩序的破坏，比如雅典城内的瘟疫，会以一种令人猝不及防的方式改变决策，甚至改变历史。

如果后世要吸取雅典的教训，只有一个：不要因为自己很强大，而忽略了那些看似细小却危害巨大的"蝼蚁之穴"。偶发因素不可控，"蝼蚁之穴"却可以预防。

短命秦朝：纠缠的东方样本

秦国王室为嬴姓，是伯益的后代，先祖秦非子曾为周王朝的御马官，从建国到统一天下之前，经历了约700年。然而，秦统一天下后，仅仅10多年时间便灰飞烟灭（公元前221年—公元前206年），消失在历史的长河之中。这一出辉煌而短暂的历史大戏，折射出历史的复杂性。

首先，为什么是秦统一天下。

战国时代，七个大国（秦、赵、魏、韩、楚、燕、齐）都有统一天下的野心，而且每一个国家都有七八百年历史（除韩、赵、魏三家分晋外），有治理大国的丰富经验和强大的团队。从理论上讲，七个国家都有统一天下的可能。然而，最终的幸运却降落在秦国，其他六国都做了争夺天下的牺牲品。

战国之初，秦国并不具备夺冠的实力。它经历了几百年内乱，公元前425年秦怀公嬴封被杀，然后是王后沉湖、太子不能继位，可以说情况是非常糟糕的，大有灭亡的可能。然而，秦国的剧情随后发生了巨大反转。公元前362年，秦的第25代国君秦献公去世，秦孝公继位，他利用商鞅变法，耕战治国，把国家打造成战争机器，打败了魏军，一个强大的秦国由此起步。

随后，秦的第26代王秦惠文王嬴驷利用张仪远交近攻政策增强了国力。第28代王秦昭襄王嬴稷，前期在母亲芈八子、魏冉的帮助下成长，后有范雎帮助治理国家，国家实力不断增强，并于公元前260年启用白起，白起在著名的长平之战中打败赵国。秦的威力开始显现。

秦的第29代王嬴政（秦始皇帝，公元前259年—公元前210年），前期有吕不韦帮助，后期文有李斯助力，武有王翦辅佐，最终统一了六国。

赵国本来也很强大，还与秦同源，也是强悍的民族。赵无恤带领赵人三家分晋，赵雍开创"胡服骑射"国力强盛，却死于内乱，饿死于沙丘宫。可见人类社会的关系纠缠复杂而不可预测。赵国第8代君赵丹，文有蔺相如，武有廉颇，可惜在上党地区用错了赵括，40万赵军被杀，长平之战，主力被消灭。后期的李牧是战国末期与白起齐名的东方六国杰出的将领，却死于内争。赵国的传统是任性，没有规则，在传位国君时不用嫡长子制度，政变频繁，自毁长城。

魏国也曾经是强国，其开国之君魏斯启用孔子的学生子夏（十哲之一）为国师，重用李悝，开启了"士"阶层的历史，强大了统治阵营。然而，魏的统治者们自大而多疑，最终导致吴起跑到楚国，商鞅、张仪、范雎跑到秦国。魏国不断制造出超级人才，却一个也不信任，最终一一"输送"给对手，形成了所谓

"士人的魔咒"。魏国成也士人,败也士人。

楚国也不可小觑,体型庞大,看上去十分威武。然而,楚国长期实行贵族自治,结果大而不强,最终还是灭亡了。

所以,秦统一中国,除了有其自身努力的原因,不可预测的偶发因素也起了巨大作用——这就是人类社会系统关系纠缠的神奇之处。

秦耗费几百年时间才统一了中国,为什么在短短16年后就被秦二世葬送?

第一,秦亡于传统。秦以前上千年的治国传统是封建制度,这种以周天子为共主的联邦制历经近千年的实践,早已成为人们的共识和习惯,这一共识和习惯的改变,在短时间内是无法让人接受的。秦灭六国后实行的郡县制虽好,却牺牲了大多数中上阶层的利益,必然遭到这些具有复杂网络资源和关系、力量的利益集团的强烈反抗。可以说,秦从统一中国开始,就注定了它的短寿,秦二世不过是那个不幸的"背锅侠"。

第二,秦亡于耕战文化。在战争时期,秦以法家治国集中国家一切力量,把国家变成强大的战争工具,这是可取的。然而,国家统一后,这种耕战文化已不适应于治国。耕战文化的继续横行,将国家拖进毁灭的深渊。所以说,秦是兴也商鞅,亡也商鞅。

第三,亡于庞大系统的复杂性。当一个小系统变成大系统之后,其繁杂程度远远超过人们的认知。如果秦国逐步完成系统的变化,统一前的刚性系统与统一后的复杂系统发生融合,从而诞生出全新的治国体系，秦有可能更长寿一些。然而，秦没有这样做，而是直接把耕战系统带进和平时期的复杂系统，导致发生剧烈碰撞，加速了秦朝的灭亡。

第四，亡于权谋。秦赵同源，在皇权继承上的无序，给权臣们无数的运作空间，权力之争是动乱之源。

秦朝兴亡期间的历史，给我们三点体会：

第一点，中国在秦以前已历夏、商、周王朝，长达近2000年的历史，共同的文化、文字和语言以及身份认同，使中国概念已经成为一个"超级生命体"，战国七雄只是周王朝的七个子系统而已，秦统一中国，只是代替周王室的职能，本质上与周王朝并无多大区别。

第二点，战国七雄都有一统天下的雄心，只是秦国运气好，遇到六代国君都很优秀，而且都用了能臣，所犯的错误少于其他诸侯，这正反映了无数偶然的偶然，也体现了中国人的天命所归思想。

第三点，法统意识是中华民族的基因。三家分晋，必须得到周天子的认可，否则就是非法，足见中国古人对道统、政统的高度认同。历史上各种偏安政权得不到史学界的认同，也是这个道理，可见，法统意识仍在发挥巨大作用。

间质：一种认知启发

科学家称，间质几乎遍布人体各个角落，广泛分布于皮肤下方、消化系统、呼吸系统和泌尿系统等，它由一批结构特异的组织集合起来，共同完成特殊的任务。学界称，对间质的认识，有望大大加深人类对包括癌症在内的各项疾病的认识，并重新定义人体的显微解剖学，让科学家们找到了解决癌症难题的桥梁。

间质的故事，让我联想到中国传统医学中的针灸和穴位。西方医学一直不承认中医的治疗方法，最主要的原因是解剖学找不到穴位的相应位置，也无法从解剖学上确定其功能原理。本着"不能实证的就是不存在"这一自我设限的逻辑，现代医学就宣称穴位是中国人臆造出来的。然而，让现代医学感到尴尬的是，通过穴位对病人进行治疗，几千年来都是中医非常重要的手段，无数经典案例也证明穴位治疗是行之有效的。它不具备解剖学意义，但它就在那儿，不管你承不承认，一如间质的存在。

因此我想，穴位应该是一种医学意义上的"间质"，而不是一种虚拟的逻辑想象。它一直存在于人体并发挥着巨大作用，只是我们暂时还无法从解剖学上来确认它。如果某一天我们能从现代医学的角度确认穴位的存在，那将是病患的一大福音。

"间质"不仅存在于自然和人体系统中，也广泛存在于社会系统之中，发挥着巨大的作用。在金字塔社会各阶层的群体之间，有一种人被称为社会活动家，社会活动家的本质是"桥"，不同网络和圈子之间通过"桥"的作用，来达到交换和利益平衡，避免圈子系统之间的关系由于过分刚性而崩溃。社会活动家就是"间质"，就是那座容易被忽视的"桥"。

在传统中国社会，乡绅也充当了"间质"和"桥"的角色。乡绅有些拥有功名，因此能在官方与民众之间搭一座桥，让自上而下或自下而上的信息顺畅交换。乡绅这种"间质"，在社会稳定方面起到了非常重要的作用。

无比博大的地球生态系统，也因为"间质"的存在而保持着盎然生机。"间质"就是大自然的平衡之手，它让一座森林里成千上万的物种互相取长补短，在各自的位置上与整个森林保持和谐的状态，在维护整个森林系统安全的同时，也为自身物种获取了生存繁衍的资源和空间。如果没有平衡之手，地球生态系统早就因为物种间的资源争夺而崩溃，当然也就不可能有我们人类的存在了。

"间质"一直存在于整个地球生态、整个宇宙，维系着大自然复杂多样的关系纠缠。如果扩展到整个宇宙系统的关系纠缠，它到底是什么？它在哪里？它以怎样的方式影响和决定着系统关系纠缠？理解这个至关重要的"间质"，我们就有可能揭开系统关系纠缠的秘密。

假如人类真的找到了决定和影响关系纠缠的那个"间质",找到了那座通往彼岸的桥梁,人类的认知能力就会实现质的飞跃。这是可能的吗?不知道。

说到宇宙系统的关系纠缠,我想起了所谓的暗物质和暗能量,我们先假设暗物质和暗能量的确存在,那么,它们是不是宇宙关系纠缠的"间质"?反过来说,我们又从何否定它们不是呢?如果不是,那么多反常到不可思议的宇宙现象如何解释?如果是,它们在哪里?这些被命名为暗物质和暗能量的"宇宙之手",会被人类最终抓住吗?我所知道的是,一定有一只看不见的手隐藏在宇宙的虚空之中,无处不在地影响着宇宙系统的关系纠缠——这一点是毫无疑问的。你可以把这只看不见的神秘之手称作上帝、神或者老天爷,你怎么称呼都可以,因为名字并不能改变事物的本质,它就在那里,发挥着作用。

只是,我们看不见它。

对"看不见的手"的探讨,会让人思绪万千,同时玄而又玄,因为它超越了人类的认知范畴。人类的一个巨大问题就是对"看不见摸不着"的东西一概斥为不存在——正是这种自我设限让现代科学遭遇了认知的天花板,徘徊不前。

人类一定不要自我设限,尤其不要用单一的线性思维去对待复杂的社会问题和自然问题。人类要敢于想象,即使高度离谱也没有关系,因为人类的每一次进步都是想象的产物。失去想象,人类就是本质上的脑死亡。人类要在无限丰富的想象力引导下,不断去寻找那些无处不在却又深藏不露的"间质",拿到揭开宇宙奥秘的钥匙——这天马行空的想象,这无限探索的过程,原本就激动人心。

其实,自然界存在着众多影响甚至改变人类命运的"间质",人类却一直漠视它们的存在,比如病毒。病毒是十分可怕的东西,它带给人类瘟疫。然而,病毒的可怕,不正是人类漠视它的存在而造成的吗?这个广泛存在的物种,我们对它知道多少?科学发展到今天,连这个小小的物种究竟算不算生命,我们都不能确定,而含糊其词地称为"具有生命性质的生命颗粒"——这是一个十分搞笑的称谓,因为它是自相矛盾的表达:病毒不是生命,但它是生命!正是这种可以一万年不吃不喝保持缄默的物种,能够在瞬间向人类发起毁灭性的进攻,人类却毫无招架之力。因此可以说,揭开病毒这种"间质"的终极秘密,也就有可能找到战胜瘟疫的终极方法。

灵魂也是一种"间质"吗?几千年来,关于灵魂的有无一直争吵不休,有的说没有灵魂,因为它看不见摸不着。有的则认为,灵魂是存在的,它就在你的心里。可以说,这些争论都是自说自话,既不能实证,也无法证伪。两种说法都有理,但都不能说服对方。灵魂与人类如影相随,却无法确认它是不是真的存在,问题出在哪里?如果它不存在,为何几千年来我们都在高频地反复使用这个词汇,并常常用于诅咒他人"你的灵魂将不得安宁"?然而,如果它存在,它的结构、形状是什么?对于人类精神世界而言,灵魂的重大意义不言而喻,揭开灵魂这种"间质"

的奥秘,或有助于人类大幅提升对精神世界的认知。

在茫茫宇宙中,有太多的事物超越了人类的认知,它们就在那里,但我们感知不到,因此我们总是违心地断言它们不存在。对于理性的人类,应当勇于承认自己的无知,并勇于承认那些超越认知的事物存在的可能性。人类需要真相。真相才是人类踏上探索之旅的原动力。寻找真相,往往需要看不见的"间质",因为真相的钥匙往往就藏在看不见的"间质"之中。

神话与故事：人类认知基石的现实困境

在人类社会这个复杂系统里，阶层是一个不言自明的存在。古代中国的阶层固化虽然比较严重，却始终开放着一种通道，以实现阶层的流动，防止社会系统因过度固化而失去活力，比如秦王朝以军功改变命运，诸子百家以学问改变命运，也有以做贸易改变命运的。"朝为田舍郎，暮登天子堂"，成为中国古代社会阶层流动的生动写照。中国古代社会之所以比西方世界更加稳固，其中很重要的一个原因是阶层的可流动性。

在一个超大规模的社会里，始终存在着两种力量，位居金字塔上端的阶层对整个金字塔结构的稳定和自身利益的保护，以及中下阶层千军万马冲向更高阶层的努力。在关系纠缠中，控制和反控制、秩序与反秩序是社会建构的基石。小到一个家庭，秩序的维护与冲突也是必然的。夫妻双方的矛盾主要源于对家庭事务的掌控力。儒家很早就看明白这个道理，"君君臣臣，父父子子"事实上就是要稳固一种社会关系。印度的种姓制度也是要稳固这种关系，古代西方世界的贵族制度同样也是这个目的——社会系统需要秩序。在今天受到种种非议的阶层关系，在古代却是十分合理的存在，因为它能带来系统的秩序和稳定。然而，这种稳定很容易陷入固化的阶层形态，从而使中下层失去上升的可能，从而衍生破坏现有秩序的力量，冲突必然爆发。

现代社会以来，在天赋人权和人人平等的观念下，阶层关系依然存在，只不过它变换了形态。控制欲和强化自身优越性，是人性的一部分，这是阶层存在的心理基石。人人都想要更好的教育、更好的住房、更好的收益、更多的学问、更好的家庭、更多的话语权——更好就意味着等级和阶层，意味着权力和资源的掌控。真正的平等其实是永远不可能存在的，你可以把人类的这个终极梦想看作是一个美丽的虚拟情景。

然而，在古代阶级社会，即使存在上升通道，这个通道也是逼仄的，无数中下层奋力向上冲刺时，一定会出现强大的"玻璃墙"现象。无数中下层人士运用各种方式向上奔跑，结局可能只有万分之几的人收获了梦想，其他人成了陪跑者，或者被挤出赛道，"中道崩殂"者也大有人在。最终到达塔尖的人会弹冠相庆，而陪跑和出局的人则会有挫败感和种种愤怒，有的就到宗教里寻求心理慰藉——在自我期许和现实世界中寻找平衡，这也是人的本能。

对心理的慰藉，是人类社会系统必不可少的功能性存在。一个缺失了心理安慰的社会系统，是必然要崩溃的，因为它会让人失去方向、希望和勇气。然而，悖谬的是，心理慰藉大都是基于善意的谎言（故事），它描述的往往并非事实，而是一种幻象般的期许。可以断言，善意的谎言（故事）是人类文明必不可少的精神食粮和动力，脱离了这类谎言（故事），人类社会系统也是无法维系的。

动物会撒谎吗？我们不知道。即使人类把说谎列为不道德行为，我们也不得不承认，正是谎言（故事）构建起人类文明，并使之系统化、复杂化。

每一种文明的形成，都有一个神话系统在做支撑，这个想象出来的神话系统恰恰就是古人对宇宙、生命和存在的理解和解释。每一种文明的起步，都是依托于一个想象，而不是基于系统的事实。基于虚构神话建立起来的各种文明大厦，即使到了科学时代，也依然要维持其原始神话的存在，否则，整个文明大厦就会轰然坍塌——欧美国家一只手握着科技的利器，另一只手却虔诚地放在《圣经》上，就是这个悖谬的生动体现。

基于想象的神话，以及基于神话的宗教，在人类每一个族群的早期都发挥了巨大的聚合作用。如果没有这些虚构的神话，也就不可能有人类社会的存在，更不要说人类今天上天入地的盛况。虚构的神话和宗教不仅团结了族群，成为身份识别的标志，还形成了人类的社会化分工——现代化正是来源于这种原始的分工。

尤瓦尔·赫拉利在《人类简史：从动物到上帝》一书中，将这种基于虚构的神话称作故事：昨天、今天、明天，人类都生活在这种故事中。脱离这些虚构的故事，人类的心智会成为干涸的沙漠。

这些故事在传播过程中，会因实际需要而修正或更改。族群和宗教的分裂正是基于这种情况，故事版本被修改了，必然导致追随者的分离，最终变成"我们"和"他们"，甚至引发战争。

基于认知动机的说谎机制（编故事），在现代社会不仅没有改变，反而更加系统化、复杂化。在农业文明时代，虚构故事及其解释权主要由精英人群掌控。到了工业文明时期，每个人都参与到虚构故事的队伍中来，人人都成了编故事和讲故事的高手，从而无限增加了社会关系纠缠的复杂度，使人类性格具有了普遍的双重性——信仰科学的同时，不忘对上帝的赞美。

谎言（虚构故事）是人类社会形成的基因，偏见就是这种基因的表达。人们为了认知世界的方便，选择接受历史留存下来的知识、组织和文化，由于人类文明是基于虚构故事而建立起来的，这些文化和知识体系就必然充斥着偏见和谬误。人们并不关心真相，只在乎故事的生动，在乎对故事的预期。当事件的真相背离故事预期时，人们就会假装没看见真相，并选择删除性或掩盖性遗忘。

人们不关心真相还有一个重大原因，那就是真相其实并不重要，因为人们已经习惯于听别人讲故事，习惯于讲故事的人对事件的离奇描述。人们更喜欢通过媒介的过滤和加工去了解事件，而不喜欢自己去接近和探究事件真相。讲故事和听故事其实是一项具有反馈功能的系统工程，人们在这一过程中达成情感和认知的一致和共鸣，从而使心灵走得更近。故事，也只有故事，才是人们需要的"真相"。

在人类历史进程中，编故事（说谎）的收益一定大于诚实，因此编故事（说谎）就以基因的形式保留下来，代代相传，成为人类新的本能。比如恋爱中的人们要把自己伪装成对方喜欢的样子。在组织内部，下级也常常伪装自己的本来面貌，以博取上级的好感，争取更多成长机会。

当故事成为普遍的存在时，就成为贴着真理标签的行为准则。人类要做的，就是维持这个虚构故事的稳定性，并以逻辑延展的方式不断给这个虚构故事注入新的能量，强化它的存在。

否则，人类就会无所适从。

谵妄：人类的角色错位

人类不知从什么时候开始变得骄傲起来，有意无意地画地为牢，跟动物界和植物界划清了界限。我们经常会听到这样的说法，人类是高等智慧动物，其他是非智慧物种——这种说法会让你感受到人类那种无法抑制的强烈的傲慢和自高自大。慈悲为怀的伟大的佛反复强调众生平等，但是在佛指涉的六道轮回中，人还是处在较高级的状态。佛尚且怂恿人类自高自大，况饮食男女乎？

在自我中心意识的支配下，人类以主人的姿态对动物和植物进行为所欲为的残杀和虐待。然而，冷静想想，人类真的就比其他生物高级吗？我看未必。在我看来，人类不仅不比其他生物高级，在某些方面可能还不及其他生物强大——这个断言会让很多人不喜欢，特别是那些坚定不移的自我中心主义者，有可能要大发雷霆。然而，不管你喜不喜欢，事实就是这样，人类并无特殊之处，一普通生物耳。

比如，在人的世界里，我们驯养了狗、猫、鸡、鸭、牛、羊，培育了小麦、玉米、水稻，看上去一切都在人类的掌握之中，然而，如果你站在观察者的角度重新审视这一切，就会得出不同的结论。

事实上，人类从来没有征服过世界，世界也从来没有按照人的意志去运转。最好的例子就是突然暴发的新冠病毒感染疫情，一个小小的病毒，就给人类造成巨大困扰，而这类病毒只是生物世界的万千物种之一。半个多世纪前的"除四害运动"，要消灭老鼠，但是老鼠灭了吗？人类跟蟑螂斗争了无数年，结果蟑螂还是在我们的厨房里大摇大摆地爬行。今天的老鼠可能比人类总数还要多，我们以为自己掌控着老鼠、蟑螂和其他动物的生杀大权，现实却对我们的自大发出了无情的嘲笑。

在与看不见的微生物的斗争中，我们更是力不从心，因为我们压根就不知道它们是怎么回事，因此我们只好在自高自大的心理支配下，以地球主人的威严姿态，胡乱挥舞着堂吉诃德的长矛，跟想象中的敌人搏斗。

在传统社会里，人类普遍懂得对大自然保持敬畏之心，因为人们认为自己是无知的，相信有一只巨大无比的自然之手在掌控着人类的命运，保持虔诚的敬畏是避免自然之神惩罚的唯一途径。在今天看来，这种貌似愚昧迷信的虔诚敬畏是有其合理性的，因为我们已经知道，由于我们自身智力的局限，以及认知工具和认知手段的局限，对更高维度的世界我们一无所知。我们只看见了看得见的部分，对看不见的部分，我们不知道那是什么，但我们终于敢承认它存在，譬如暗物质，譬如暗能量，譬如黑洞以外、大爆炸之前，等等。对更高维度的无知就是我们对自然保持敬畏之心最好的理由。然而，这种显得超出大多数人理解能力的现代物理理论，到今天为止依然只在很小范围内流传，更多的人类依然陷在"人定胜天"的谵妄之中，自负得不行。到某一天突然遭遇了无法掌控的天灾人祸，人类才会惊呼："啊，上帝呀！"

原来，自负者心中也是驻扎着一个上帝的，只不过他平时忘记了，在需要上帝的时候，他就想起来了，不然他怎么会在生死关头呼唤上帝呢？

粗略探究起来，人类的自高自大或许出自文艺复兴运动之后，尤其是工业革命以后，我们认为自己不再是生物世界的一部分，我们已经从生物界获得超越，成了一个新物种。在我看来，自从对生物界进行分类，人类给自己贴上"智人种"标签的那一刻开始，自高自大就开始了。

在"智人种"这个自我满足的心理支配下，人们决定把自己变成上帝。西方人认为，上帝已经死了，那么就让我们自己变成上帝，掌控整个世界。在这种非常奇怪的心理控制下，人们变得异常胆大妄为，南极臭氧层因为人类的胡作非为而出现了巨大的破洞，地球气候因为人类的贪婪行径而变得紊乱不堪，人类辛苦建立的价值体系被摧残得遍体鳞伤——人类正以神一样的狂热自寻死路。

我读到过一篇报道，说人类正在快速实施自我升级，有望在几十年内彻底脱离肉体的束缚，以"智能人"的形态实现永生——也就是把人脑的信息拷贝在一个机器上，让机器像人脑一样思考并指挥行动。这个新闻对于我的刺激，只能用目瞪口呆来形容。我实在无法想象，没有肉体支撑的所谓人类，究竟会是个什么模样。我无法想象，可能大多数人也无法想象，除开那群已经发疯的人。

人类如果不再以人的形态存在，那还会是人吗？人类制造一个机器出来替代人类，这个行为背后的逻辑是什么？天底下还有比灭失自己更疯狂的行为吗？

为所欲为，将是人类在这个星球上做的最后一件事。

从理性的角度去思考，人类不过是地球生态系统普普通通的一个"原子"（事实如此），而地球生态系统又是一个极其复杂的网络系统——这样的认识，有助于我们从谵妄中惊醒过来，停止自我毁灭的疯狂游戏。在这个系统之中，大系统和小系统之间的关系相互纠缠，这种纠缠复杂度远远超过我们认知范围，遑论控制。

正是自然生态系统的关系纠缠创造了人类社会，是自然生态系统驯养了人类，人类是系统的"长子"，但绝不是"老子"。人类在自然系统中的作用，远没有自己认为的那么大。

从物种的生存哲学来看，我们驯养了狗、猫、猪、牛、羊，培育了水稻、小麦，但为什么不去思考是这些动物、植物利用了人类？狗可以不劳动（特别是今天，称之为宠物），只需要对主人态度好一点儿，人类就心甘情愿为它服务，享受到比人类的父母还要好不知多少倍的"孝敬"。猪的一生都无须为一日三餐伤脑筋、担风险，它唯一的作为就是贪吃贪睡，接受人类含辛茹苦的伺候。小麦、水稻等在农业文明以前的物种数量比今天少很多，然而，依靠人类的驯化，它们获得了大量的繁殖。对这些动物和植物而言，人类哪里是它们的主人，它们才是人类的主人，一辈子都在接受人类的精心伺候，它们与人类的关系顶多不过是相互利用，就像鲜花和蜜蜂的关系——我们敢说蜜蜂是鲜花的主人吗？

是水稻和小麦把人类社会从狩猎时代变成农业时代，是这些动植物驯化了人类。当人类再也离不开这些动植物，当人类和它们组建成一个新的小生态系统后，人类和它们之间，只不过算是一个"共和政体"，谁也不是谁的主人。

工业时代，人类发明了机器，结果人类成了机器的奴隶。成千上万的人天天在流水线上忙碌，成为机器的一部分。第一次，人类劳动不再需要智力，你只需要机械地重复同一个动作，这样的劳动有人会喜欢吗？可以说是苦不堪言。造成这种局面的原因，是社会系统演化到今天，每个人都变成了机器的零件。社会精细化分工把人类彻底异化，今天的状况是人类共同行为的结果，人类被自己制造的牢笼困住了。人类不但不能把握自身的命运，反而迷失在自己制造的迷宫里，不知所往。

所以，"人类是地球的主人"这个自我设定，是非常愚蠢可笑的。

这是一个很冷酷的事实，100年前韦伯就看到这个问题，并提出了工具理性（Instrumental Rational）和价值理性（Value

Rational），韦伯认为是工具理性制造了铁笼，所以要回到价值理性中去。可是韦伯忘记了，我们回不去了，因为上帝死了，是我们杀死了上帝。我们的眼睛里从此只有高大的自我，再也看不见其他，再也没有敬畏之心。

从社会系统里抽身出来"逃跑"，有可能是自我救赎的一种渠道，但抽身出来你就得降低对物质的欲望——这几乎是不可能的事情，因为你甘愿被现代社会奴役的原因，正是它承诺给你更多的钱、更多的美味、更多的感官享受，让你欲罢不能。当你陷入享乐圈套时，你就不大可能全身而退了。你已经认为钱越多就会越幸福，这种感觉就像吸毒一样，只有不断增加剂量，才会保持原有的快乐，一旦失去就会痛苦万分。所以，人类连自己的命运都无法掌控，又从何狂言自己是高于其他生物的物种呢？

人类昨天、今天、明天都不是世界的主宰，人类只是无数物种的一种而已。人类并没有征服过什么，也不可能征服什么。以谦卑之心去理解世界，方是人类的正道。自负地认为世界是人类的地盘，这正是人性的可恶之处，它会鼓励人类为非作歹，最终在不知不觉中把自己葬送掉。

易经：被误读的宇宙模型

人类对世界的认识形成知识体系，代代相传，成就了灿烂辉煌的文明。然而，人类知识体系都是基于模型而建构的，物理、化学、生命科学、社会科学都是如此，人类科技的进步也就是模型的进步。我们用一种理论代替另一种理论，就是用一种模型代替另一种模型。在复杂的网络系统之中，离开模型，文明将无法建构。

模型是简化的真实，所以对世界真相的认知是有限的。由于自身认知能力和认知工具的局限，我们难以到达真正的真相之地，我们能做的就是无限接近真相，因此，认知上的偏见就永远无法避免。局限和偏见是我们无处可逃的宿命。

充分认识认知的有限性，对我们是有积极意义的。因为局限，所以我们不会停下探索的脚步，人类文明就能不断进步。认知是有限的，无知才是永恒的。我们自己也是无知者中的一员。

在中国古代，伏羲氏、周文王以及孔子都想用一个理论模型来建构世界，完成对世界的整体描述。这是极大的野心，因为要描述这个世界，首先得完成对这个世界的充分认知，然而在早期文明中，仅仅依靠几颗非凡的大脑去完成对世界的认知，显然是困难的。这些非凡大脑通过苦思冥想，摸到了大自然的脉搏，把真相之门撬开了一丝缝隙，却无法进行更为深入的探索。工具的缺乏，信息的稀缺，是他们认知受限的根本原因。他们建构起了自己的认知模型，却往往似是而非，模棱两可。这不是因为不够聪明，而是信息匮乏造成的认知局限。

伟大的爱因斯坦也试图建构一个完整的大宇宙认知模型，结果也陷入了模棱两可的尴尬——在智力极限和认知工具的局限下，他发现有些事情无法自圆其说。比如，如果宇宙起源于大爆炸，大爆炸之前就应当没有宇宙，什么都没有才对，可是这个大爆炸的奇点是从哪里蹦出来的？又比如，从理论上来说，宇宙应当是有边缘的（从一个奇点开始向外膨胀，不管膨胀到什么程度，它都应当有一个边缘），那么问题来了：宇宙的边缘之外，又是什么？没人能够回答，最后向神求助——神也默然无语。

从古至今，人们都试图对世界进行完整描述，但事实证明这是不可能完成的任务，因为我们不可能对世界的真相达成绝对的认知。你建立的认知模型，也只是来自你认为的世界的样子，而不是世界本真的样子。

然而，在对世界真相的模型化描述上，《易经》无疑是接近完美的。

《易经》之易，就是变化的意思。《易经》，就是描述世间万象变化的古老经典，其包括《连山》《归藏》《周易》三部，但《连山》《归藏》已经失传，现存于世的只有《周易》。

周易这个名字，说明《易经》的出现，不晚于周代，起于何时，已不可考。它的出现，证明早在3000年前，我们的祖先就建构了描述世界的完整模型，把形而上与形而下高度融合在一起，确立了中国人的价值观和宇宙观，这是何等伟大的成就！《易经》对中国后世政治、军事、科学、文化等影响巨大，可以这么讲，没有《易经》，就不会有中国5000多年文明。

直到今天，《易经》依然被人们深入研究和借鉴。遗憾的是，由于《易经》是对整个世界的抽象描述，异常深奥复杂，晦涩难懂，让人望而生畏，不可避免地被神秘化和曲解，甚至成为江湖术士骗钱的工具。当然，也有后来者致力于《易经》学说的正解和发扬光大，譬如程朱理学和王阳明的心学等，然而都无法达到《易经》原本的格局和境界。

《易经》的晦涩，难倒了几千年来的学者文人，时至今日，也没人敢说他彻底读懂了《易经》。当然，也没人敢说他的学问超越了《易经》。相反，无数大学者一说到《易经》，无不立即表现出高度的恭敬和谦卑，连那些得道之士说到《易经》，也老老实实表示"高深莫测"。

一部上古时期的著作，经历数千年风吹雨打，如巍峨神秘的高山矗立在人们的心中，这充分说明，即使在科技如此发达的今天，《易经》这个描述世间万象变化规律的模型，依然具有无比巨大的魔力和现实意义。当然，对《易经》实施攻击，甚至称《易经》是祸害中华文明数千年的罪魁祸首，这类行为也从来没有停止过。不过，这类攻击只能说明攻击者的无知，对这样的人，我想说的是，你应当先读懂《易经》，然后再来考虑攻击的事。如果你连《易经》说的是什么都没搞明白，就对《易经》指手画脚，这是十分幼稚可鄙的。

虽然《易经》晦涩难懂，但它所包含的朴素生命哲学、生活哲学、生存哲学早已深入华夏子孙的基因，成为中华民族不断调整自己生存状态的秘方，譬如"盛极必衰"让我们时刻保持危机意识，"否极泰来"让我们在黑暗时期也不会放弃希望。因此在人类遭遇种种巨大生存困扰的当下，对《易经》智慧去神秘化从而进行科学解读，是非常有意义的。

事实上，《易经》可读可解。

《易经》的哲学思想包括三层含义：简易的、变易的和不变的。中国古人认为，世界是可以认识的，并且可以用简易的模型思维来理解。在中国古人看来，世界是变化的，同时世界的本质又是不变的——这正是认识世间万物的三个锚点：认知模型的简易性、世间万物的变易性和不变性。

宇宙无比复杂，瞬息万变，《易经》却用极简的数学结构构建起世间万象变化的模型：阴和阳。在古代华夏人的眼中，世间纷繁复杂的变化，不过就是阴和阳的变化，一切的变化都是可以用阴阳变化来描述的。整个宇宙，都可以在《易经》的简易模型中得到准确描述，这正是《易经》最为伟大的地方。

在《易经》体系中，阴阳（--、—）作为基本的数学模型运算方式，和现代计算机人工智能具有高度一致性。中国古人把一切变化都融入阴阳之中，阴中有阳，阳中有阴，这正是一种关系的哲学。从科学角度来看，这种模型的设计无疑具有伟大的前瞻性。在现代计算机程序里，世间万物都可以用0和1来描述。不管是巧合还是有意而为之，这种高度一致性说明《易经》用阴和阳来描述世间万物，是何等的厉害。

所以我要说，那些嘲笑《易经》的人，是粗暴的无知者。

《易经》认为，孤阴不生，独阳不长，万事万物皆有阴阳。所谓物极必反，指一个事物发展到了极点（高峰），在稳定之后就孕育衰败的因素。譬如一个国家强大后，就会有一段稳定的时期，之后开始衰败。这和热力学第二定律并不矛盾，熵增之后，自然会让混乱增加，混乱会使系统崩溃——这也正是宇宙系统的法则。从无序到有序再到无序，这中间有一个时期是相对稳定的状态。在复杂系统中，增长回路会让一个系统到达顶峰，调节回路会让系统走向崩溃。不过这个过程中有一个滞后效应。从夏天到秋天是一步步变化的。中国有句古话"顺势者昌，逆势者亡"，"势"就是这种大的变化的力量。

在中国古人看来，阴阳指的是世界上一切事物都具有两种既相互对立又相互联系的力量（复杂系统之间的关系纠缠）。根据其属性，宇宙间的一切事物可分为两类，阴性和阳性。"阳类"具有刚健、向上、生发、展示、外向、伸展、明朗、积极、好动等特性，"阴类"具有柔弱、向下、收敛、隐蔽、内向、收缩、储蓄、消极、安静等特征。任何事物都具有阴阳两重性，即阴中有阳，阳中有阴。

古人还认为，世间万物都是由金、木、水、火、土五种基本物质运行和变化所构成（五行），阴阳和五行两大模型的合流，形成中国传统思维与哲学框架。

阴阳和五行属形式与内容的关系，阴的内部和阳的内部和阴阳之间，都具备金、木、水、火、土五种物质表达的生克利害基本关系。阴阳的转换是通过金、木、水、火、土反映出来的，五行属于阴阳内容的表达形式。

古人认为，生、克是矛盾的两个方向，相生相克是事物的普遍规律，是事物内部不可分割的两个方面。生克是相对的，没有生就无所谓克，有生无克，事物就会无休止的发展而走向极端，造成物极必反，由好变坏。有克无生，事物就会因被压制过分而伤元气，走向衰败。

在《易经》八卦［乾（☰）、坤（☷）、震（☳）、艮（☶）、离（☲）、坎（☵）、兑（☱）、巽（☴）］中，以三爻为一卦（阳爻和阴爻），来描述一种变化。从模型建构来看，这的确是一个了不起的发明，因为在现代混沌学中，"三"是产生混沌的起始点，"三"本身就蕴含着无穷多，蕴含着复杂性，蕴含着混沌。科学家们认为，"三"可能是宇宙常数，是开启大自然创造潜能的钥匙，隐含着自然规律一切可能的周期。无法想象的是，在几千年前的遥远古代，华夏人是如何意识到这一点的。

中国古人很早就认识到世界的统一性、万事万物之间的关系和关系纠缠，并通过《易经》这样几乎完美的简化模型来对宇宙系统的复杂性进行高度抽象、高度科学、高度系统的描述，这种描述，不仅是对人类认知的伟大贡献，也是人类智力的极致展现。

植物纠缠：另一个灵性世界

地球上的树木超过万亿棵，它们聚合在各个地方，形成一片片绿色的海洋，为人类提供充足的氧气，为地球上的生命系统提供生息繁衍之所。

然而，受眼睛和思维习惯的局限，我们在观察树木时更喜欢从个体着手，而忽视了树木的整体性，所以才会"只见树木不见森林"——这是对人类目光短浅的戏谑描述。一片森林就像一个超生物体，每棵树作为其中一员，只是这个组织的一部分。它们"同呼吸共命运"，时刻为集体的利益贡献力量，也常常在同类落难时提供帮助。树木不能移动，在它出生的地方终其一生，但它们对环境的挑战不会坐以待毙，所作出的反应影响改造着身边的气候，使其更适合自己及同类生存。

我相信植物也是有灵性的，比如树木种子掉落在地上发芽成长的概率极低，如果听之任之，树木就会面临绝种的危险，于是树木就撒落更多数量的种子在地上，用数量的优势来弥补其发芽率低的不足。一棵山毛杨，一生能产下180万颗种子，平均只有一颗能够长大成树。杨树每年产2600万颗种子，一生能产10亿棵树，平均也只有一棵树长大成材……然而很少有人去注意这些，人类日常的注意力，除开工作之外，就是观看各种惊悚新闻，观赏搞笑视频，或者为人生的种种不如意长吁短叹。特别是现代城里人，对工作和手机提供的信息世界之外的一切社会事务几乎漠不关心，更别说去关心了解森林里正在发生的这些奇妙故事。人类心灵逐渐枯竭，人类整体向冷漠孤独快速发展，或许跟我们的无知有关。我们正在成为生活的奴隶，而不再是生活的主人。卡夫卡的《城堡》，描述的正是人类的这种异化，它是人类走向未知的噩梦。

如果我们能在谋求衣食饱暖之余，把对着电视机和手机傻笑的时间分一些出来，跟这个奇妙无比的世界对话，分享一株树木、一片小树林、一只小动物、一片云彩的精彩故事，我们干涸已久的心灵之泉就会复活，我们麻木已久的面庞就会重新呈现灿烂的光彩。

走进一片森林，你会发现，原来一棵参天大树下的那株小树，已经上百年了，它长得很慢很慢。因为生长缓慢，它树干里的木质细胞会更密更小，空气含量更小，树干更加坚韧，以抵抗风暴和病菌的威胁。保护它整整百年的上方的母树，总有一天会因为寿终或疾病而轰然倒下，随着惊天动地的倒塌声，小树头上的天空突然变亮了，这株小树会立即发疯一样地生长，要抢在其他树木之前拥有这片等待了整整100年的空间。如果你把这一过程用摄像机记录下来，然后回放，你一定会为大自然的神奇而发出阵阵尖叫。

世界充满了诗意和激情,但我们难以感受到,因为我们被生活的铁笼困住了。

社会性似乎不是动物界的专利,植物也具有社会性,或者说,就像动物世界一样,植物也生活在一个无限复杂的系统里,它们的生命在这个系统里互相纠缠,才形成了一片片美丽的森林,并给生态圈提供庇护。树木通过地下真菌网络进行沟通,分享信息和养料。树根发展出非常多纤细的绒毛,增加了树根吸收的表面积,真菌菌丝则分布在土壤的每一个角落,还能穿透树根的绒毛组织,和大量的树根紧密结合在一起,这样,真菌形成的网络就成了不同树木之间的连接纽带。一小寸土壤里边的真菌菌丝的长度连接起来有好几千米长,像人的毛细血管。

真菌能够帮助树木固定大量的养料元素,比如碳和磷。与树木共生的真菌,还能保护树木免遭细菌、有害真菌的侵扰。作为回报,真菌在树身上索取大量养料,树和真菌形成了和谐共生关系,有的可以维持几百年,它们是真正的朋友和邻居。

树木跟人类一样,懂得同甘苦共患难,甚至比人类还做得好:一棵树出现生存困难,它附近的伙伴会通过真菌网络把自己多余的养料传递给它,这一点,应当比人类做得更为纯粹。人类在帮助他人时,很难说没有和种功利的计较,纯粹的帮助已十分罕见。在帮助同类这件事上,人类不是进化,而是退化得十分严重,作秀多于真诚,还不如一棵树——这是题外话。

同时,树木还通过真菌网络彼此交流信息,一棵树受到害虫的攻击时，它会通过真菌网络把信息传递出去，附近的其他树木就会提高警惕，立即采取相应的应对措施保护自己。

植物也奉守团结就是力量的准则，它们彼此相依在一块土地上，制造出一个小型生态系统，共同抵御各种风险，以繁衍生息的方式实现系统的永生。

在一片森林之中，一棵树死去，就会成为其他动物、植物、真菌的养分，它逝去的只是有形的躯干，它的生命密码却以养分的形式进入其他生命体，获得永生。所以，死亡并不是生命的终结，而是生命形态的转换，它褪下那件老旧的外套，换上华丽的新装，以全新的面目绽放在大地之上。从这个角度来看，各种宗教文化视人的死亡为获得新生，并非胡言乱语，"灵魂"之说，也有待重新认识。这也说明，古老的文化系统里有大量智慧需要我们去挖掘、继承、发扬光大，成为建设美好和谐幸福社会的新力量。

树木不喜欢温度和湿度的极端变化。夏天，树木会采用各种方法降低森林温度，茂密的树叶阻挡热风在森林里流动，遮挡阻止烈日对土壤的烘烤。一座森林里，死去的木头和树叶越多，它的土壤中腐殖质层就会越丰富，整体上积蓄的水分也就越多。这是一个正循环，利于提高生态系统的整体竞争力。

森林大面积的树叶能产生强大的蒸腾作用，把水分重新释放回空气中，再度聚集成云，往内陆深度转移，再次带来降雨，形成一个水循环，积极影响气候的稳定。针叶林有一种物质叫作萜（tiē）烯，当它的分子进入空气中后，水汽很容易依附在萜烯上，从而产生云，形成降雨——针叶林区上空形成的云量可以是无森林地区的两倍多。每当坐在屋檐下沉醉于雨打芭蕉的美妙之音时，我们想过这雨滴的来源吗？想过它或许来自千里之外的某一片森林吗？你看，自然界这个巨大的复杂系统，多么奇妙！

树叶吸收二氧化碳，放出氧气。树木可以封存大量的二氧化碳，经过数亿年的地质沉淀成为化石：煤和石油。困扰当代人的温室效应，其实就是大量燃烧化石燃料所致，人类在享受汽车的便利、各种电器的舒适的同时，也把远古时期封存的巨量二氧化碳释放了出来，导致大气成分失去平衡。温室效应确实是人类自作自受，也可以理解为大自然对人类的报复。

植物世界的奇妙远远超出我们的想象，植物不但具有非凡的灵性，还拥有与人类相似的感知能力，拥有视觉、嗅觉和触觉。植物没有眼睛，却具有光敏色素（一种色素蛋白质），它可以吸收红光，让植物感受外界变化。植物能"看到"紫外线和红外线，还能察觉电磁波。植物能分辨正午和傍晚。植物可以通过光，把水和二氧化碳转化成糖类，从中吸收养分。把一个很硬的牛油果和一根成熟的香蕉放在一起，牛油果就会变软，这是因为香蕉释放的激素刺激了牛油果的嗅觉，使牛油果调整了自己的成熟状态。划破几个成熟的无花果，整串无花果就会跟着成熟。

植物不仅具有方向感，而且能对离心力、重力等外在环境作出相应的调控。在植物细胞内部存在一种平衡石，它的作用和我们耳朵里的平衡感觉器是一样的，这种平衡装置还能帮助植物定位。

植物也有信号传导系统，和人类精神系统之间的通信方式非常相似，而且植物的记忆也能遗传。植物的遗传靠的是细胞记忆的表观遗传机制，这种机制能够在一个生物体内从一个季节传到另一个季节，还能从上一代传到下一代。

人类和植物之间具有相同的生理特征，这是因为我们与植物有共同的早期遗传史，人类与植物经过大约20亿年的分别演化路线后，才形成今天这个结局。其实人类跟植物都来自同一个地方，同一个祖先，同一个原始的生命体——它是什么，来自哪里，我们都不知道，这是大自然留给我们的众多谜团之一。因为来自同一个生命体，所以我们能在植物身上看到自己的影子，只要你走进它，你就会清楚地感受到，植物也有欢喜和悲伤，也会在灿烂的阳光下歌唱，在浪漫的春天里渴望爱情——这不是神话。我们不愿意相信植物也会像人类一样思考和歌唱，源于我们堵塞了自己的智慧之心，源于我们不知何时开始的狂妄自大。

植物还懂得精心保护自己的下一代，它给种子穿上厚厚的铠甲，使它在动物的胃里难以被消化，也以此防御小昆虫和小型动物对植物种子的侵害。有的植物还发明了化学武器，比如辣椒进化出大量的辣椒素，抵御真菌对种子的侵害。

植物还懂得利用动物来传播种子，它在种子的厚厚盔甲之外，又包裹一层厚厚的果肉，以此来吸引动物，作为动物把种子运输到远方播种的报酬。在美洲，有一种蝙蝠会吃香豆树的种子，他们会把香豆树果实带离香豆树，啃掉果肉后把种子扔掉，种子因此就能在新的土地上获得生长机会。

植物还利用风来传播种子。爪哇的黄瓜种子有一个宽大而轻薄的翅膀,这个翅膀可以在风中滑翔。棉花的种子外边包裹的绒毛可以让棉花随风飘动,而且这些绒毛还可以让他们漂浮在水面上,运气好的话,棉花种子可以通过强流和洋流穿过大海,到达另一个岛屿和大陆。

工业文明的恶果之一,就是把人类变成了机器的奴隶。人类已经离不开各种各样的机器,大到飞机、汽车,小到电脑、手机,还有无处不在却看不见摸不着的虚拟网络。人类看上去是在掌控机器,实际上是机器掌控了人类的生活。人类已经没有力气去与大自然对话,去了解大自然系统纠缠的复杂和奇妙。人类已然忘记,自己不过是大自然这个神奇而复杂的大系统的一部分,正是因为与大自然发生种种复杂的关系和不可思议的纠缠,人类才有机会偶然出现,并生息繁衍到今天。

我们来自大自然,却在不知不觉中远离了大自然,这是何等悲伤的事实!应当明白,一旦完全脱离了大自然复杂生态系统,人类就可能什么也不是。不信,你到火星上去看看。

行为模式：人类与动物比较

一些时候，我会思考一个貌似简单的问题：人，为什么会是这个样子，而不是别的样子？

当然，我说的是人的行为模式，而不是人的外在模样。

单纯从生物演化的角度来思考这个问题时，我们有可能得出奇奇怪怪的结论，然而，把这个开放式问题放到整个自然系统里去考量，就会有助于找到正确的答案。

有一门学科叫社会生物学，它是以生物学为基础对一切社会行为进行系统研究。这门学科的开山鼻祖是哈佛大学生物学博士、美国国家科学院院士爱德华·威尔逊。

社会生物学研究各种动物社会的群体结构、社会等级、通信交流等，然后站在更为宏大的视角上，用动物社会的研究来反观人类社会——我们可以从动物的种种社会行为里看见我们自己的影子，找到我们的前身。

威尔逊认为，社会就是族群。无论脊椎动物或无脊椎动物，这两种动物所演化出来的社会行为，其复杂程度非常相似，比如白蚁分为雌蚁、雄蚁、工蚁还有兵蚁,它们跟狒狒、猴子等具有几乎相同的群居行为和社会化的等级分工。在这一点上,人类社会虽然有自由意志和很多选择权,但本质上人类的社会性依然受来自远古的基因控制。人类也热衷于群居,害怕被同类排斥,自然而然地实行各种分工,自然而然地等级化——即使在最为民主的族群里,等级也依然存在。如果没有族群、分工和等级化,人类会不知所措。比如在一个最现代化的企业里,如果没有董事长,没有总经理,没有工程师,也没有任何分工,所有人绝对平等,想干什么工作就干什么工作——这样的公司,估计什么也干不了。

在生物演化的长河中,每一个生命都是昙花一现,只有基因可以长存不朽。动物的演化不只是生物体结构的演化,还包括行为方面的演化,因此,动物的社会行为也是亿万年来在自然选择的压力下,通过遗传、变异演化而来的。自然选择的基本单位是基因,生物体只是基因的运载工具。动物会更愿意对与自己外貌相像的个体表现出温和,并乐于互相帮助,这条准则对于整个物种都有积极的生存价值,遵循这条准则的基因,就会在基因库里兴旺起来。比如猴子和海豚常常表现出让人感动的相互救助的行为,鲸鱼无力游上水面呼吸时,它们的同伴会合力把它带出水面,不管谁遇到困难都会受到援助。这一点,也为我们人类习惯于互相救助的行为模式给出了来源。

动物的社会行为还表现出普遍的利他性。在动物群体之内,有亲戚关系的个体会互助协作,会把利他主义的便利分享给其他成员,亲戚关系就这样连成一个个关系网,能在整体上提高网中成员的平均适应能力。

为了拯救其他近亲而牺牲自己，在动物社会也是司空见惯的行为，这种利他行为的代价，对于基因来说也是合算的。比如大多数蚁群内的兵蚁，一旦遇到危险开始反击，就会把自己置于最大的危险之中，蜜蜂和黄蜂也可以为轻微的挑衅而献出自己的生命。狒狒也一样，在群体其他成员觅食的时候，占统治地位的雄性会站在一个特别显眼的地方暴露自己的位置，以便观察动静，并把危险引向自己，让家人安全。鸟类的双亲为了保护后代，也会在捕食者面前进行迷惑性的表演，比如翅膀下垂或者展开翅膀假装受伤，吸引捕食者的注意，把捕食者从鸟蛋或者雌鸟那里引走。这些英雄的利他行为，以牺牲个体为代价换取族群的生存安全，表面看这是一种本能，细想起来，却包含着深刻的复杂性。

在危险关头，人类社会总会出现英雄，牺牲自己拯救他人。对这些英雄行为，我们除开无限崇敬之外，常常也会困惑：为何总有人为了他人而牺牲自己？从"基因总是自私的"[①]这个角度，英雄行为是说不通的。但它的的确确一直存在，轰轰烈烈，令人惊叹。对动物的社会行为有所了解后，我们就会豁然开朗，英雄行为同样来自远古基因，恰恰因为这种基因的存在，我们的族群和整个人类才变得越来越强大。所以，我们要赞美英雄，把英雄行为视为人类最崇高的壮举。

---

① 基因总是自私的：英国生物学家理查德·道金斯持此观点，并著有《自私的基因》一书。

媒体记者在采访英雄时，往往会问："你当时在想什么？你为何要这样做？"我想英雄当时应该什么也没想，远古基因的某种神秘力量对英雄似乎起着某些作用，那一瞬间，远古基因电光石火般在他身体内膨胀爆炸，催动他去拯救同类的生命——如果慢条斯理地权衡利弊作决定，人类社会就不可能有英雄了。

威尔逊还创造了"亲缘关系指数"，父母和子女的亲缘关系指数为1/2，所有动物都是按照这个亲缘关系指数而生存。比如在狮群中，每只雄狮都知道其他雄狮的战斗潜力，生活就能维持在一种紧张的和平之中。雄狮如果对其他雄狮过分亲热，就会遭到家族里的狮子排挤；如果太冷淡，自己遇到危险时就会孤立无援。今天的人类，不也依然是这个样子吗？

人类社会的两性分工，对近亲的高度利他行为，乱伦禁忌和其他道德行为，对陌生人的怀疑等，都可以在动物社会里找到原型。不过，人类的社会行为在不脱离动物社会行为这个大框架的前提下，经过几百万年的演化，又有了自己的特性，譬如人类会像昆虫那样密切协作，更多时候却为了有限资源而竞争。人类还会通过改变角色，向更高层的社会经济地位攀升。人类还发明了宗教，威尔逊认为宗教的作用是为了秩序，它会把一个程序或一种陈述神圣化，暗示任何反对它的人都要受到处罚。神圣仪式是最具特色的人类社会活动，它为群体最为生命攸关的利益服务，让道德法典不断神圣化。这些行为，在古老的动物社会也能找到一些模糊的影子，但更多是人类为了生存繁衍的需要而自身演化出来的。

人类还通过几百万年的演化,获得了与动物社会不同的行为模式。威尔逊提出的"基因—文化协同理论"认为,人类的遗传基因决定了人类神经系统的构造和功能,神经系统又影响了人类的学习、认知和行为。很多人聚在一起形成社会,创造一定的文化,在这个文化背景下,通过自然选择作用,又反过来影响人类种群基因的改变,这就构成了一个循环的基因—文化协同演化。

我们常常认为,只有人类才是地球上唯一具有思考能力的生物,这也是一种错觉。人类的思考行为同样来自动物世界。荷兰动物学家、美国国家科学院院士、荷兰皇家文理学院院士弗兰斯·德·瓦尔说,从蜘蛛到章鱼、渡鸦,再到猿类,所有动物都是思考者,只不过它们都是以自己的方式思考,与人类不同而已。

我们还认为,只有人类可以制造和使用工具,也是唯一会使用语言的动物——这无疑都是错误的。黑猩猩会耐心地打磨树枝,然后用打磨好的树枝到树洞里钓白蚁吃。海獭会漂在海面上,在肚子上放一块石板,然后把贝壳放在石板上用另一块石头把贝壳砸开。在印度尼西亚,有一种椰子章鱼会通过收集椰子壳来伪装自己以避开捕食者。黑猩猩会在采蜂蜜时使用五种不同工具。乌鸦会把铁丝弯成钩从小桶里勾出肉来吃。有些鹦鹉已聪明到根据情况不同而挑选不同词汇。灵长类动物则更能理解人类的语言,甚至猫和狗也能分辨人类语言中特定的词汇和语气语调。

这说明,制造工具和使用工具以及语言的运用,并不是人类灵光一闪的发明,而是来自自然大系统。只不过,我们人类社会发展了这些功能,其他动物社会仍在原地踏步。

关于记忆能力，人类也常常备感自豪，其实大鼠、章鱼、乌鸦和黑猩猩都有不错的记忆力。大鼠会长久记住吃坏肚子的食物，章鱼会记得用棍子戳它的人，乌鸦会记得驱赶它的人，而黑猩猩甚至能够将一段记忆保持好几年。只不过，我们人类的记忆力得到了极大提升，但记忆模式和记忆的功用并未摆脱动物社会。

人类所构建的种种社会关系，也能在动物社会找到原型。雄性黑猩猩之间构建的社会关系十分复杂，当年轻的雄性黑猩猩起了纷争时，其他黑猩猩会去找德高望重的老年雄性黑猩猩来帮助调解。老年猩猩无法自食其力后，年轻的猩猩们会自发去帮助它们拿食物。

你看，这跟我们人类何其相象！

美国科普作家珍妮弗·阿克曼说，鸟类从爬行动物演化而来，它们的智力却更接近灵长类动物。在南太平洋生活着一种叫作新喀鸦的乌鸦，能使用多种不同的材料制造出长度和直径都符合自己需要的工具，还能制造出钩子形状的工具来钩取鱼类，而且，它们制作的工具一代比一代先进。

科学家发现，短嘴鸦会把小石头和小树枝当武器；美洲绿鹭会用面包或者昆虫当作诱饵来钓鱼；棕树凤头鹦鹉还会把树枝当鼓槌，来吸引异性；喜鹊会照着镜子整理自己的外表，清理身上的脏东西。人类定期给松鸦投喂食物，松鸦则时不时把不知来自何处的耳环、螺丝、扣子送给人类。一种叫西丛鸦的乌鸦，会花上整个秋天的时间储藏过冬食物，把食物藏到不同地方。在藏食物的时候如果发现同类在看它，它就假装离开，随后又转身回来把埋好的食物挖走，甚至还会在藏好食物之后，跑到另一个地方去有模有样地假装继续藏食物，摆迷魂阵。

科学家还发现，有一种叫冬鹪鹩的小鸟，每秒可以唱36个音符。淡尾苇鹪鹩的雄性和雌鸟能够完美演绎鸟类二重唱，声音婉转悠扬。嘲鸫每分钟可以模仿20种其他鸟类的鸣唱。

鸟类在建筑上也有造诣。银喉长尾山雀的巢是一个有弹性的袋子，由几十片苔藓组成，再用蜘蛛的卵囊丝线缝合，里面铺满羽毛用来保暖和防水，外面铺满一层地衣薄片作为伪装。缎蓝园丁鸟用各种蓝色小物件装饰自己房子，包括蓝色小花、小石子、羽毛和吸管。

它们所做的一切，不就是我们人类正在做的吗？

事实上，我们人类的所有行为都能在动物社会找到原型，动物智能和人类智能之间并没有断层，我们人类不过是因为勤奋而获得了更多的发展，基本行为模式并没有改变。2012年一群科学家签署的《剑桥意识宣言》断言，已有充分证据表明，人类并不是唯一拥有产生意识的神经物质基础的生物。这一科学断言，正式承认人类并非特殊材料制成的物种。

人类不过是大自然这个复杂系统的一个普通生物种类。了解到人类行为跟其他动物并无多大区别时，我们就明白了人类今天的这个样子来自何处，也清楚为何要跟地球上的所有远亲和近亲搞好关系——搞好关系是古老动物基因的策略，你可以把它称为机会主义，但它对各自族群的生存壮大真的管用。

万物真相：常识与悖谬

在关系的世界里，化学就是重现本质与现象之间的联系，直观地说，就是我们日常所看见的有可能是一种假象，那些固化在我们意识里的观念和现象，很有可能是错误的。

例如，肌肉训练一般认为是营养学问题，经常健身的人都知道，如果不注意配餐就练不出一身好肌肉。事实上，这种观念是不够准确的，肌肉的锻炼并不是营养学问题，而是化学问题，只要在饮食中补上适当的氮元素，练一身好肌肉的目标就能实现。肌肉的主要成分是蛋白质，而蛋白质需要氮元素才能生长。

在关系的世界里，化学更侧重于相关性的问题，而不是因果性。化学围绕现象寻找与它关联的本质。譬如在我们的眼中，树是绿色的，这是没有任何疑问的共识，但事实上，根据物理学的解释，叶绿素吸收的是太阳光里的红光，并将互补的绿光反射出来，所以我们看到的植物就是绿色的。从生物学来看，叶绿素吸收的红光实现了光合作用，把二氧化碳和水转化为葡萄糖和氧气。从化学角度看，叶绿素为什么要吸收红光呢？是因为吸收了这个波长的光之后，分子就会处于激发态，激发态的分子提供了能量，让光合作用得以进行。

自然界的复杂性远远超过我们直观的认知，它是各种系统纠缠的结果，而非我们看到的那么简单。我们看到的往往只是一种现象，而非本质。

我们日常看到的宏观世界，往往也是一种幻象和偏见。宏观世界并非微观世界的线性叠加（整体不等于局部之和，整体可理解为一个系统），只有透过微观才能看到本质。比如肥皂泡、汽车贴纸等，看上去五彩斑斓，然而透过扫描电子显微镜，我们才发现任何物质都不会有颜色，所谓的五彩斑斓其实是假象。

一般人贫血，就得补血，这是常识。然而，血液的核心成分是血红素，血红素的核心原子又是铁，所以贫血的解决办法从微观上讲就是补铁。但是，铁又分为二价铁和三价铁，这两种铁元素人体并非都能吸收，而且过量的铁元素还会造成危险，因此，若有贫血症状，医生并不会直接让你补血，而是开一堆维生素C给你，因为只有维生素C才能将有害的三价铁还原成二价铁，补充血液里铁的不足。所以，贫血、补血的传统说法本质上是不准确的，你缺的是二价铁，而不是血。

人类犯的种种错误，大都来自人类的眼睛，或其他感觉器官的误导。不借助仪器，人类的眼睛就只能看到宏观物质，对微观世界则视而不见。人类的其他感觉器官也是这样。但事实上，在微观世界，现实的复杂程度完全超越想象力，根本不是日常所看见的那个样子，只有借助仪器和其他手段的实验才能弥补人类认知功能的天然不足。

有太多的例子可以证明，现实不似你所见。

化学界之所以建立了丛林一样的理论，而没有底层的公理，就是因为真实世界之间的关系纠缠太过复杂，复杂到往往能骗过人类的眼睛，只有通过实验才能还原真相。所以化学是依赖实验形成知识体系的自然学科，幸好有它的帮助，我们才有机会认识世间万物的本质，纠正我们的认知偏差和错误。

在对复杂系统的探索过程中，化学家们发现了化学反应的三大规律，从而极大提升了人类对大自然的认知。

第一个是化学反应平衡，包括静态平衡和动态平衡，其中，动态平衡才是本质。我们的牙齿就是一种静态平衡，牙齿表面形成一层珐琅质，也就是牙釉质，比钢铁还硬，到一定年龄后就不再生长。但人体其他骨骼每一年都有3%的物质与外界发生交换，某些部位可以达到25%，每10年人体骨骼就会彻底换一遍，真的就是脱胎换骨。可是以前我们却不知道发生的这一切，以为自己的骨骼长成后就一直是那样，不会再有变化。每过10年我们的骨骼就会悄悄翻新一次，由于它是在保持动态平衡的情况下进行的，所以我们全然不知。这就是我们所看到的"真相"与本真之间的巨大差异。

其余两个分别是质量守恒和熵增。简要地说，质量守恒的发现，也改变了我们对大自然的认知。譬如说，某一物质毁灭了，它就没有了，这是常识。但事实上，科学家们发现，物质是不灭的，我们肉眼看到的灭亡只是假象，它的质量只是发生了转移，所谓毁灭是根本不存在的。

熵，形象地说就是混乱度。我们一般认为事物会逐渐秩序化，然而，事实恰恰相反，科学家发现，一个东西放在某个地方，不管它怎样运动，只会变得越来越混乱、无序，这就是熵增。简单讲，熵增是指事物变得混乱的概率远远大于有序，且不可逆！这个规律的发现，对于我们认知大自然、认识并理性对待人类社会的熵增现象，意义非凡。万事万物，包括人类社会，只会从有序走向混乱，而不会从混乱走向有序，我们要做的，或许就是竭尽全力去阻止熵增，建立局部的有限秩序。一如死亡是任何生命也逃不掉的宿命一样，熵增也是宿命，有序只是暂时的，无序才是永恒——这一点，与我们的常识也大相径庭。

《三国演义》里有句话，"分久必合，合久必分"，这句话在某种程度上很接近熵增原理。天下混乱得久了，自然就会走向秩序化；天下太平得久了，就一定会走向混乱。《三国演义》的这句话"合久必分"就是熵增，世界一定会不可逆地从有序走向混乱，有史以来数不胜数的战争和种种恶劣的灾害，足以证明。

人类一直在歌颂和平，祈祷和平之神长驻人间，但实际上这是善良者的美丽幻想，因为不可能有永恒的和平。这跟人性无关，而是宇宙铁律在发挥作用。人类能做的，就是珍惜和平的日子，并努力整治混乱（熵减），追求人类社会一定程度的持续秩序化，同时为混乱的必然到来做好充分的应对准备。

剖开现象看本质，其重大意义在于有可能帮助人类变得理性，知道什么可为，什么不可为，而不是盲目自大地要去战天斗地。也许到大尺度的某一天，人类经过多次升级，真正成了宇宙的主宰，那时候我们再去考虑战天斗地的壮举也不迟。面对现实，我们就得看清事物的本质，做该做的事情。经过几百万年的自然演化，几千年的文明演化，人类依然处在十分低级的生命阶段，面对灾难和困难往往束手无策，比如地震、气候恶化、瘟疫和战争。我们自以为很智慧强大（这也是常识性的假象），其实我们无知而脆弱。我们的贪婪又加重了原本就很危险的无知和脆弱。现实往往不似你所见，不要被常识蒙住了智慧的双眼，这就是我的忠告。

机会主义：生存策略新解

美国生物学家爱德华·威尔逊说，物种在演化中提高适应度是终极的，也是唯一的设计来源。这些东西之所以是这样子的，是因为这个样子有利于存活繁衍，这就是自然选择思维。

威尔逊的这个论断，你可以作多维的解读，其中包括物种生存的机会主义①策略。当生存成为目的时，对环境的主动适应就是非常明智的选择。主动变成环境喜欢的样子，你就获得了生存的机会。

在日常语境中，机会主义不是一个让人喜欢的词，它往往代表不择手段，容易与猥琐、偷偷摸摸、品格低下等负面评价联系到一块。然而在自然法则中，机会主义有可能是最为广泛的生存策略。

人类又何尝不是生活在机会主义策略中！我们从小就被教

---

① 机会主义：也称投机主义，为了达到目的而不择手段。不按规则办事，视规则为迂腐之论，其最高追求是实现自己的目标，以结果来衡量一切，而不重视过程，信奉成者王、败者寇。

育，规律不可改变，必须去适应它——这不就是机会主义吗？战争可以说是机会主义的极端形态。日常的职场竞争，机会主义也无处不在。对机会主义策略的绝对污名化，是缺乏公正公平的。它就是一种实实在在的存在，不管你怎样反对它、辱骂它，它都会一直广泛存在于自然和人类社会。我们应当看到它中间合理的成分，不要一听到机会主义就如临大敌。

机会主义在自然演化中发挥着至关重要的作用，甚至决定着一个物种的存亡。在自然演化中，往往会有一种错误的认识，认为只有强大的物种才能够生存下来，弱小的会被优胜劣汰的法则去除。然而，物种演化证明，这个观点往往是靠不住的，并不总是越强大的物种越可能活下来。强大和有竞争力在某个维度里可能会得到生存的优势，比如恐龙曾经是地球的霸王，在地球自身系统里，它们具有天然的生存优势。然而，谁也没想到，在地球上横行霸道了近两亿年后，一颗相当于一个小县城面积的巨大陨石不请自来，随着"砰"的一声巨响，恐龙的好日子就到头了。陨石撞击地球造成严重的气候灾难，导致地球气候发生巨变——当然，从某种程度上人类要感射这次"砰"的一声巨响，不然大概率地球上就不大可能出现我们人类这种奇怪的物种了。这是另外一个话题，此处暂且不表。

极端的气候灾难和气候变化，使恐龙在地球生命系统的所有优势（比如体形庞大等），瞬间变成不可逆的劣势，它来不及调整自身以适应环境的巨变，只能在哀嚎声中走向灭绝。

令人惊奇的是，这次大灭绝的仅仅是体形庞大的大型恐龙。

气候巨变带来的严寒，导致大型恐龙赤裸的皮肤无法保存热量，据说它们是被活活冻死的。那些体形瘦小的恐龙和原始小恐龙，在恐龙家族中低声下气地活着，一不小心还会被大型恐龙吃掉，但它们在气候剧变后很快进化出御寒的羽毛，然后它们顺势变成了体形小小的鸟类，在广阔的天空中尽享生命的欢乐，并一直存活到今天。这是多么神奇的演化啊！

大自然的这种神奇现象，在人类社会也不少见，比如西班牙，它可以说是从强势变成弱势的典范。

1492年，西班牙光复运动获得胜利，西班牙王国正式诞生。这个时候的西班牙国力是非常虚弱的，但它赶上了好时机——大航海时代。西班牙靠近大西洋的地理优势，为它的迅速崛起提供了强大的保障。在西班牙王室的大力支持下，越来越多的冒险家跋山涉水赶往世界各地，掠夺的巨量财富从世界各地蜂拥到西班牙。西班牙冒险者还在美洲摧毁了阿兹特克帝国，摧毁了印加帝国和玛雅文明，用极小的成本占领了大部分美洲，成为不可一世的霸主。鼎盛时期的西班牙拥有3100万平方千米的领土，大约是今天俄罗斯面积的2倍。

由于国力迅速飙升，西班牙拥有了世界上最强大的海军舰队，被称为无敌舰队。它还先后打败法国、英国等，占领整个伊比利亚半岛、荷兰、半个亚平宁半岛，成为西欧、南欧的霸主。

问题就出在这里。成为霸主后，西班牙没有审慎地思考辉煌的背后隐藏着哪些巨大危机，更不可能对这些可怕的危机设置应对预案，它当时只看得见自己的威风八面，只看得见自己的强大无敌,世界主宰的感觉掩盖了一切危机的身影。事实上,危机才是世界的真相,成功和强大无敌不过是转瞬即逝的幻影,忽视这一法则,强大的生存能力反而会成为衰落的原因。

很显然,西班牙忽视了这一点。

强大后的西班牙有花不完的银子,它开始做一件极其愚蠢却又不得不做的事——不断对外用兵。持续不断的对外战争,以及暴富后的醉生梦死、肆意挥霍,导致西班牙的财力迅速吃紧。没有足够的银子去作战争的兴奋剂,西班牙的战斗力急剧下降,并输掉了多次战役,西班牙广大无比的领土也陆续失去。到1713年,西班牙作为欧洲霸主的地位彻底失去,然后,衰落为二流国家。

到19世纪末,美西战争让西班牙失去了在亚洲、美洲的所有殖民地,由此,西班牙的国际地位大幅跌落。好在二战后西班牙顺势而进,进入了发达国家的行列,但与世界霸主时代的那一个西班牙相比,差异岂止千万倍。

西班牙由世界霸主变成二流国家的经过,再次证明一个伟大的真理:适应环境是唯一的生存之道。在我看来,对环境的主动适应,就是机会主义策略。

一部《三国演义》,贯穿始终的不就是机会主义吗?被奉若神明的诸葛亮,他的所谓神机妙算,不就是绝对机会主义的具体实施吗?我们没有必要避讳机会主义这个词,因为人类整体对机会主义其实是十分崇拜的,这也许是人类基因遗传自远古的本能。

作为一种有效的生存策略，机会主义影响着自然生态的昨天、今天和明天。某个物种具有的某种优势，并不是这个物种演化生存的必然理由，有时甚至是一种"诅咒"。解除这类诅咒的办法，就是顺势而进。柯达公司当年在照相机行业也是恐龙一样的存在，然而在数字技术出现以后，柯达巨大的优势就变成了不可改变的劣势，直接导致柯达破产。中东那么多石油富国，却没有一个成为世界强国，这种"资源诅咒"所反映的正是这些国家缺乏危机意识，没有透过花花绿绿的钞票看清楚魔鬼的狰狞。中国人发明的"死于安乐"的说法，可以作为忽视环境危机的一个注解。表面看，一个国家或一个族群的衰亡是由偶发事件导致的，事实上生存危机早已存在。

对机会主义策略的合理成分予以承认、予以张扬，并给其设定一个合理的边界，我想这是有其积极意义的。比如体育竞赛中的种种规则，就是极好的例子，你在规则之内，可以充分发挥自己的机会主义策略，最大限度追求赢而不是输。人类日常竞争中不择手段、无边界的机会主义滥用，我是鄙视并坚决反对的。

在人类的生存策略中，对文化环境的主动适应也是理智的选择——其实就是机会主义策略的无意识应用。机会主义是人类思维和行为的自觉，是人类生物性的本能。威尔逊认为，在人类社会中，文化和基因共同演化。过去学习进化论，认为进化只是大自然竞争的结果，好像与文化没有关系，其实文化对演化的作为被低估了。基因决定着我们的遗传，然而决定行为的不仅仅是基因，个体可以主动适应环境，而不被基因枷锁所限制。威尔逊认为，结合文化，人类至少在一定程度上能够干预自身的演化。举个例子，你进入一个国企或进入一个互联网企业，10年后，你的性格可能有很大的变化，因为你高度适应了所在企业的环境，并按照企业文化希望的样子去改变，你就变成了今天这个样子，而不是另外一个样子。双胞胎一个生活在闭塞农村，一个生活在繁华大都市，在50年后再相遇时，他们的模样、气质、生活方式、感情表达、语言系统一定会大不同。环境改变了人，而不是人改变了环境。

文化是人类自身创造的一种虚拟环境，又深刻影响和形塑着人类的意识和行为。威尔逊认为在个人、群体和社会三者之间，真正占据基础性地位的不是个人，而是群体。你的首要身份不是自己，而是群体（系统）中的一员，如你的家庭、工作团队、组织等。这些社会关系对你的影响具有决定性作用。虽然它是一种虚拟环境，你也必须主动去适应它，变成它希望你成为的样子。否则，你只有出局。这听上去有点让人不愉快，但现实就是这个样子——威尔逊的论断，差不多也就是这个意思。

当然，你也可以自信满满地去改变环境，不过，这种豪情万丈的尝试，往往是对环境的破坏而不是改变。对自然环境和文化环境的愚蠢破坏并招致灾难性后果的例子多多，此处不一一列举。

总之，机会主义是一种存在，我们应当理性看待它。

病毒真容：人类认知挑战

2020年，新冠病毒席卷全球，给人类社会造成巨大影响，也引发了人们对病毒的又一次关注。

英文中的"病毒"一词来自拉丁语，这个词汇既表示蛇的毒液，也表示人的精液。一个词既可理解为毁灭者，也可以理解为创造者，这表明病毒在当时人们的眼中，是十分诡异的存在。

病毒最多的地方应该是海洋。一升海水里，大概有1000亿个病毒，而海洋面积占了地球表面积的71%，可以想象病毒种群数量之庞大。在一公斤海洋沉积物中，可能有100万种截然不同的病毒，而地球的动物不过150万种，所以，把地球称为病毒星球，一点儿都不为过。

动物的遗传物质是DNA，也就是脱氧核糖核酸。病毒的遗传物质，一部分是DNA，另一部分是RNA（核糖核酸），所以病毒并不算严格意义上的生物，它们更像一小团遗传物质，包在一个小小的蛋白质壳子里四处飘荡。如果你把病毒想象成一种面貌模糊的幽灵，也未尝不可。

病毒可以存活几年到几千年，如果碰到合适的机会，它就寄生在特定的细胞上，病毒的外壳会被降解破坏掉，而遗传物质会让细胞制造出病毒所需要的蛋白质外壳以及更多的病毒遗传质。这些遗传物质会破坏掉被寄生的细胞，倾巢而出感染更多的细胞。

为了达到繁衍的目的，有时候病毒需要把自己的基因和寄生细胞的基因结合起来，在宿主DNA上加上一段自己的DNA。大部分时候，宿主细胞在释放病毒时会被破坏死去，但总有例外。有时候，这样的细胞也不会死亡，带着病毒的基因一起活下去。当细胞分裂时，病毒的DNA也会随之复制。这样下一代的细胞中，也就同样带上了病毒的DNA。

我们每个人的体内都带着10万种病毒基因，占人类基因总量的8%。除此之外，还有大量病毒DNA碎片，也被整合进我们的DNA中。这些病毒DNA大部分没有用，有的对人类的生育产生了作用，例如，一亿年前，哺乳动物的祖先曾经被一种病毒感染，这种病毒的DNA会生产一种特定的蛋白质，而这种蛋白质会帮助形成胎盘。生物在关系纠缠之中，利用病毒DNA来帮助自己演化，没有这么多的病毒，也就没有丰富多彩的生命。

病毒对人类文明的影响是巨大的，有史以来，无数人死于病毒的魔爪之下。天花是一种烈性的病毒，清朝顺治帝死于天花，康熙帝也感染过天花，俄罗斯的彼得二世、英国女王玛丽二世也因天花而死亡。中世纪欧洲每个世纪大概有5亿人死于天花，直到1977年，天花才被彻底消灭。可是这只是个特例，天花病毒只感染人类，所以它能够被人类消灭掉。大部分其他病毒却并非如此，比如流感病毒会通过感染鸟类消化道而实现大面积传播，鸟的排泄物也可能带有流感病毒，如果飘到人的呼吸道中，人就会感染流感。1918年暴发的西班牙大流感，使约5000万人失去生命。

流感病毒还经常会发生突变，或者跟其他类型的流感病毒基因混在一起，变成新型的流感病毒，2009年暴发的甲型H1N1流感，其病毒的基因组中就混合了人流感、猪流感和禽流感基因。

在病毒王国中，有一种病毒叫作"噬菌体"，这类病毒的寄生对象是细菌（细菌是单细胞生物），事实上噬菌体是分布最广泛的病毒。在第一次世界大战期间，就有人用噬菌体来治疗痢疾和腺鼠疫患者。20世纪50年代，有人用噬菌体治疗过严重烧伤病人的细菌感染，这是病毒对人类的贡献。

海洋中的藻类和能产生光合作用的细菌，提供了地球上一半的氧气，其他代谢产物还参与了云的形成。除此之外，这些微小的单细胞生物还会影响大气中二氧化碳的含量，继而影响地球的温度和海底矿物的形成。海洋中的藻类之所以能够通过光合作用放出氧气，跟其吸收了病毒的DNA有很大关系。有一种藻类的蛋白质编码基因证实来自病毒。病毒的基因带来的氧气，大约占地球氧气含量的1/10。早在数十亿年前以病毒作为载体，生物的基因就在物种间转来转去。通过对基因组的分析，可以发现所有生物中都有病毒传递基因的痕迹。没有病毒就不会有今天的地球生态和各种生物，这也是病毒对生命的巨大贡献。

按照生物学上的分类，病毒并不算是生命，但也不算是非生命，所以拉丁文里的病毒，既是天使也是魔鬼。正是因为那些微小的病毒和原始单细胞之间的纠缠，才创造了地球的生态系统和各种动植物，这也是宇宙复杂性和系统性的一个例子。人类在重大疫情面前往往会惊慌失措，力不从心，反映出我们对病毒世界的认识过于肤浅，对宇宙复杂性和系统纠缠的认知更是肤浅，因此面对这细小到肉眼不可见的长着天使面孔的魔鬼或者长着魔鬼面孔的天使，往往束手无策。人类对病毒以及宇宙的复杂性知之甚少，所以我们难以打败病毒的攻击。

昆虫消失：生态链的断裂

说到无知，我还要提到另一个比病毒大得多的物种：昆虫。昆虫应该是所有人都熟悉的，但真正了解昆虫的人却不会太多。一般情况下，谈到昆虫，人们就会想到讨厌的苍蝇、嗡嗡作响的蚊子、恶心的蟑螂。事实上，昆虫不仅是人类最好的朋友，帮助人类塑造了过去的光辉文明，也会给人类未来的发展提供更多的空间。美国生物学泰斗爱德华·威尔逊说过，如果人类消亡，地球将获得重生，恢复到一万年以前丰饶的生态平衡；如果昆虫消失，地球的生态环境就会分崩离析，混乱不堪。

人类历史上，在人类的穿衣、饮食、居住等方面，昆虫都扮演着重要角色，比如中国的丝绸，正是由蚕丝构成的。在衣服染料中，古代西方紫红色的染料就是一种叫胭脂虫的昆虫。如今，胭脂虫所含的色素，也是制作口红的上等原料。在食物方面，昆虫可以为80%的可食植物授粉，大多数瓜果都有昆虫的功劳。生活在东南亚和印度地区的一种叫紫胶蚧的昆虫，分泌一种叫作虫漆的树脂，可以用来给家具上漆。

在人类历史上，昆虫也有可能扮演凶手的角色。古希腊衰落的一个原因就是雅典瘟疫，这场瘟疫的传染源就是小小的跳蚤。大约开始于公元542年的查士丁尼瘟疫，让君士坦丁堡损失二三十万人口，可以说是拜占庭帝国由盛而衰的一个转折点。这场瘟疫的罪魁祸首，同样是寄生在老鼠身上的跳蚤。跳蚤还带来严重鼠疫，引发黑死病，让欧洲1/3的人失去生命。1793年，在美国费城发生黄热病瘟疫，几个月内让约5000人丧生，传染源是一种叫埃及伊蚊的蚊子。

可以说，昆虫是人类文明的助手，也有可能成为人类文明的毁灭者。

昆虫的种类和数量巨大，地球上昆虫的种类有200万到500万种，总数大约有1000亿只，平均每个人对应十几只昆虫。然而，据预测，到2050年可能有50万种昆虫灭绝。芬兰科学家在《生物保护》杂志发表研究文章，称50万种昆虫的灭绝可能会给人类带来灾难性的影响。

科学家认为，人类活动是几乎所有昆虫数量减少和灭绝的原因，包括人类活动造成的昆虫栖息地的减少和退化，其次是污染物（尤其是杀虫剂）和入侵物种。

研究发现，有超过2000种昆虫成为人类食物，这种过度的开发利用也成为昆虫大量灭绝的原因之一。人类工业活动造成的气候变化也致使部分昆虫灭绝。

科学家称，从大约200年前工业时代进入高潮以来，5%到10%的昆虫物种已经灭绝。

世界环境保护科学家曾经就自然的崩溃发出了对人类的警告。2017年，1.5万名科学家联合提出了第二次警告。科学家们大声疾呼，随着昆虫的灭绝，人类失去的不仅仅是物种，因为许多昆虫物种是不可替代的重要服务提供者，包括授粉、营养循环和虫害控制。

人类对待昆虫的方式，既危害大自然，危害昆虫，也危害自己。研究表明，蝴蝶、甲虫、蚂蚁、蜜蜂、苍蝇、蟋蟀、蜻蜓等昆虫的数量正在大量减少，如果它们在地球上消失，那时候，人类面临的世界会是什么样子，实在无法想象。一个简单的例子，没有蜜蜂，大多数植物的花粉将无法传播，从而导致部分植物灭绝。

昆虫不仅是人类文明的助手，还是食物链中的重要捕食者，也是其他生物重要的食物，处于食物网中的核心地位，是维持生物系统平衡的关键角色。昆虫种类的大量减少，会严重破坏生态平衡，最后受害的，还是人类自己。

据报道，爱因斯坦曾经预言，蜜蜂一旦灭绝，人类也将无以为继。不管爱因斯坦是否真说过这句话，我们都要相信，蜜蜂灭绝带来的灾难性后果是真的。没有蜜蜂，人类赖以生存的大部分植物都会迅速灭绝。

在一篇题为《昆虫数量减少及其原因》的报告中，萨塞克斯大学生物学教授戴夫·古尔森称，自1850年以来，英国已有23种蜜蜂和访花黄蜂灭绝。它们的灭绝，将对人类的粮食供应产生影响，因为人类种植的3/4的作物都需要昆虫授粉。

古尔森教授在一份声明中说道:"不仅仅只有野生蜜蜂和传粉昆虫的数量在减少,许多其他无脊椎动物也出现了这种趋势。我们对这些不为人知的无脊椎动物的命运知之甚少,但其实这些动物对健康的生态系统也至关重要。昆虫是地球上已知物种的主要组成部分,是陆地和淡水生态系统不可或缺的一部分,发挥着授粉、传播种子和养分循环等重要作用。它们也是许多大型动物的食物,比如鸟类、蝙蝠、鱼类和两栖动物。如果我们不能阻止昆虫数量的减少,将会对地球上所有的生命产生深远的影响。"

报道称,从1976年到2017年,英国乡村的蝴蝶数量减少了46%,而某些种类蝴蝶的数量甚至减少了77%。与此同时,鸟类的数量也在减少,很可能是因为昆虫数量的减少引起的。在英国,从1967年到2016年,斑蝶的数量下降了93%,夜莺和灰鹧鸪的数量也经历了同样程度的减少。

报道指出,后果是显而易见的,如果昆虫数量的减少不能停止,陆地和淡水生态系统将会崩溃,将对人类的健康造成深远的影响。

《自然》杂志也有一篇论文指出,昆虫的崩溃将比我们先前担忧的更为严重。

在我看来,世间万物之间的关系是复杂系统之间的关系纠缠,生命就生存在这复杂的关系网之中,任何人为的破坏都有可能造成网络的崩溃甚至毁灭。毫不夸张地说,对大自然系统的巨大破坏,无异于自掘坟墓。

人类不要沉迷于各种机器的发明,各种化学物质的创造。与其花费大量精力和财力去实施地外移民,还不如把更多的精力和智慧用在我们脚下这片土地上,多多研究地球系统的复杂性、系统性,更多地关注人类与自然万物、与浩渺宇宙的复杂纠缠,建立更符合人类生存与发展的文明与秩序,让人们少一份担忧和恐惧,多一份安全感和幸福感。

弗洛伊德：一个世纪的喧嚣与落寞

在整个20世纪，弗洛伊德甚至比爱因斯坦的名气还大，即使到了20世纪末期，迷信实证科学的西方学术界已经抛弃了弗洛伊德学说，中国成千上万的追随者依然还在狂热研读弗洛伊德的著作。即使到了今天，仍然有不少中国人在研究弗洛伊德。

有西方思想史学家宣称，即使人们放弃了弗洛伊德学说，也不得不承认，弗洛伊德学说不仅是整个20世纪影响最广泛的学说，同时也形塑了整个东西方世界，即使后来因为无法实证而被抛弃，弗洛伊德的思想也由于影响了整整四五代人而改变了这个世界，成为人类无法剥离的精神遗产，成为日常生活的一部分。

伟大的弗洛伊德以他的方式进入了从未有人如此深入了解过的人类精神领域，并以他的方式完整描述了他所感知到的一切。其中，很多一直以来都是人类认知领域的禁区，比如梦、潜意识、恋母情结等。他勇敢的探索，成为人类伟大精神的真实写照，值得后来者敬仰。

今天，弗洛伊德的学说在心理学界已属于少数派，但在我看来，这或许只能解释为我们今天的技术或手段尚无法达到弗洛伊德的高度。他的学说，不可轻易否定，而应该列为存疑。比如梦，科学技术已经完成了对梦的阐述吗？没有！那么，只要弗洛伊德的学说没有被证明是错误的，我们就应当对他的那些激动人心的描述持宽容态度。宽容是科学的基本精神，否则，科学就成了粗暴的宗教法庭。

比如，量子力学认为，宇宙中有大量的暗物质和暗能量存在。根据不特殊原则，我们地球同样拥有它们，只是我们尚无法看见或体验它们的存在。一直以来，科学都因其无可辩驳的实证性而令人信服，所以我们要感谢伟大的量子理论，正是这个让人苦恼甚至让人痛苦的理论，第一次让人类知道宇宙中确实有很多很多无法用科学手段实证的客观存在。如果没有伟大的量子理论，暗物质和暗能量就一定会归为玄学和幻觉，会被斥为无稽之谈。

然而，同样得不到实证的弗洛伊德学说却没能享受到像暗物质、暗能量那样的幸运，它被科学界用委婉的语气归类为伪科学和无稽之谈。科学界接受了暗物质和暗能量这种不能实证的存在，却不能接受令人脑洞大开的弗洛伊德学说，这显得自相矛盾。

弗洛伊德的失败，其实是人类认知手段的失败。弗洛伊德研究的领域是人类的意识，是人类的梦境，一个看不见摸不着也无法重建的东西（我们暂且称其为东西，因为没有更好的词来称呼它）。当你讥讽一个不存在的东西时，你就会说那个人在做梦。

在人类话语体系里，梦代表不存在。我们每个人都会做梦，但是我们不承认弗洛伊德对梦的探索，这实在是一个巨大的悖谬——你不能重建梦，所以梦是不存在的，但梦是存在的，我们每个人都在做梦，只要你一睡着，梦就不请自来，但是你没有证据来支持你对梦的解释，所以梦不存在。梦存在，梦不存在，这个悖谬实在烧脑。

世界上不做梦的，大体只有高人和精神病患者。究竟谁是高人，我们没见识过，所以高人不做梦的说法也无法证实。精神病患者由于失去真实描述事物的能力，我们同样无法证实精神病患者是否做梦。所以我们可以说，人人皆做梦。既然人人都会做梦，我们就没有理由去粗暴否定弗洛伊德对梦的探索。

弗洛伊德以一己之力在全世界掀起对梦的探险，这本身就证明弗洛伊德学说的可信性。与其否定弗洛伊德学说，还不如把弗洛伊德对心灵世界的探索当作一种新的认知方式，或能激活我们僵化的智慧之脑。比如，弗洛伊德认为，梦有整理心灵碎片（信息）的功能，梦是通向潜意识的一个主要通道，梦常常以隐喻的方式出现。在我看来，弗洛伊德的这个观点能让我们感知到世界的本质——关系纠缠和能量流动。梦境不就是信息的流动吗？系统关系纠缠和能量流动在人脑中被记录成信息并转换为意识，成为人类精神活动的源源不断的能量流。醒着的时候，我们不断吸收的信息流都在接受整理，变成显意识的营养，那些没来得及整理或被有意无意过滤掉的信息流，就存储在潜意识里，这些信息碎片会在我们睡着时，被"梦"这双看不见的手整理出来，并以隐喻的方式告知我们。

顺着这一思路，我们会发现，如果承认潜意识存在，并承认潜意识是一种能量，它算是一种暗能量吗？如果是，我们又怎样来理解这种看不见摸不着的暗能量呢？如果没有这种意识当中的暗能量的存在，那么现实生活中的很多现象就会无解，比如在得到鼓励时，我们会精神饱满斗志昂扬，受挫折时却垂头丧气。本质上，它们不就是意识在发生作用吗？

我们继续扩展思维，就会发现另一种奇特的意识能量，在中国传统文化里被称为"气"的东西。现在西方国家也有很多人注意到"气"的客观性，并认真研究应用。"气"是什么？当我们目标明确地攀登山峰时，我们会"一鼓作气"冲上去，而当我们内心茫然时，我们走着走着"就泄了气"，气，无时无刻不影响着我们的生活。在"气"的背后发挥作用的，依然是意识的能量。没有意识能量支撑，也就不可能有"气"，没有"气"，我们什么都干不了。量子力学把"气"解释为一种波，或者一种粒子，但我认为这种解释肤浅而无力。

弗洛伊德在意识和潜意识领域的探索，意义重大，虽然他最终没有得到学界的认可，但他勇敢进入了一片神秘的未知领域，并作出了系统的解释，仅凭这一点，就足以让人肃然起敬。

其实，我们身处的这个世界系统，有太多太多的现象是科学无法解释的，与其否定，不如宽容对待。

我要感谢弗洛伊德，他的探索为神秘的梦给出了一个合乎逻辑的解，也为我打开了一个神秘的窗口。如果没有弗洛伊德的理论，对梦的困惑会让我多承担一份人生的痛苦。以弗洛伊德学说为起点，我对梦作了深入的探索，慢慢明白梦其实就是现实情景的记录者，它不只是以象征的手法表达现实世界的信息，也记录着一个人成长过程中的感受和心理模式。梦还记录着祖先的生活轨迹，梦里还藏着深刻的恐惧和各种能量，也藏着无可比拟的人类智慧。鲁米①说，伤口是光进入你内心的地方，梦是心灵可以到达的房间——我深以为然。

我在年轻时常做一个梦：一个人爬一座高山，开始是一片森林，森林过后是一片草地，再往上爬是一片雪山，在雪山上面有一个小镇，小镇一片黑暗，我知道那是光到达不了的地方，我走进一个房间，点上一盏台灯，继续我的梦境之旅。

不管学界如何对待弗洛伊德，我都要说，感谢他——感谢他第一次用光照亮了我心灵深处的黑暗。

---

① 鲁米：即莫拉维·贾拉鲁丁·鲁米（1207—1273），生于巴尔赫（今阿富汗境内），在波斯文学史上享有极高的声誉，他与菲尔多西、萨迪、哈菲兹并称"诗坛四柱"。

战争：目的与手段的矛盾

战争的历史和人类的演化史一样久远，是人类攻击性的集中体现。攻击性是人类的本能，是生命力的表现形式，常常以竞争的形态出现在人与人、族群与族群、国家与国家之间的关系纠缠中。以攻击性为初始能源的战争原本是一种行为描述，本身与道德无关，然而，落实到人类社会系统，战争却有正义和非正义之分，这是人类社会与动物社会的重大区别之一。

战争是竞争的极端手段，它以极端的攻击性为表现形式，但其目的却是为了建立秩序，这是人类社会的诸多悖论之一。远古时期的人类战争就像打猎一样，只是人类的一种生活方式，不管它是为了争夺生存资源还是维护各自族群的尊严，本质上就是一件不得不这样做的事情。在人类文明史中，战争的敌对双方都不会把己方的行动与罪恶联系在一起，恰恰相反，各个帝国的统治者都是依靠战争来建立功绩，从而获得本民族人民的拥护。正义永远属于胜者，败者必须背上非正义的黑锅。所以古往今来，在战争中胜出的一方都要大力歌颂战争、歌颂英雄，赋予己方行为的合法性和正当性，而把种种恶臭的污水泼向战败一方。战争的道德评价本质上由胜方掌控，其公允性往往值得怀疑——"胜者为王，败者为寇"的说法虽然经不起严格的推敲，但一般而言，它是对战争道德问题接近真相的描述。

战争是用极端手段建立秩序，而战争也总是以秩序的建立而告终，只不过，这新的秩序不一定属于发动战争的那一方。战争的胜负往往由复杂的关系纠缠决定，而不是人为的预期。通过战争建立起来的新秩序，在维持长短不一的时间后，因为外部力量的冲击或内部力量的分裂破坏了秩序的平衡，从而引发新的战争。可以说，战争就是人类历史不可缺少的有机成分，是人类文明演化的必然路径，它既是建立秩序必不可少的手段，同时也是破坏秩序的利器。

在人类文明进程中，战争还被自然法则所控制，在维持人类的总体数量上发挥着重要作用。资源的有限性必然演变为战争，以防止人类系统因人口数量超越自然资源的承载能力而发生整体的毁灭性崩溃。

战争这种极端的竞争形态在种族聚合、文明推进、科技进步等方面发挥着巨大作用。如果没有竞争，物种就会退化、国家就会衰退。罗马帝国之所以灭亡，最根本的原因就是消灭了迦太基国，失去了强有力的竞争对手。"生于忧患，死于安乐"，描述的就是这种情景。

除开外部力量的攻击之外，战争往往源于内部力量失去平衡。一般而言，系统外部的问题解决之后，系统内部自然会增长分裂力量。唐朝的安史之乱、罗马帝国的东西分裂、美国的南北战争，都是外部系统之间竞争减弱、内部系统矛盾激化所致。

在精神层面，战争还发展出了古希腊的英雄情结、西方的骑士精神……这些被战争培养出来的民族精神特质，它们都是以"勇敢"为标签，出现在各民族的词汇表中，对各自民族的影响巨大，成为文化基因。

同时，战争也促进了集体的组织纪律，客观上推动了人类进一步的分工合作，让人类分工更加精细。

需要特别申明的是，本人对以大量生命为代价的战争厌恶至极，上述论断只是基于历史事实的一般表述。

虽然战争无法避免，但本质上不义之战是极恶的存在，它对人类社会的破坏力巨大而悲惨。战争会消耗人类辛苦积累的巨大财富，从而对国民经济和生产力造成严重破坏，使民众的生活境况倒退数十年，甚至出现大面积的饥荒，饿殍遍地。同时，战争还会牺牲庞大数量的人口，甚至有可能让弱小的民族从此消失。战争还会暴露出人性之恶，同类相残的惨剧往往会制造长久的民族仇恨……总之，战争对人类文明具有极大的破坏性，往往会导致人类文明出现严重倒退。

人类在20世纪经历了旷日持久、破坏力巨大的两次世界大战，导致了世界资源的重新分配，重新建立了更为理性和人性化的国际秩序。

关于核武器，丘吉尔在了解情况后说："火药算什么？微不足道。电力算什么？毫无意义。原子弹才是雷霆万钧的基督降临。"核武器对人类终结二战起一定作用，同时将集体灭亡的恐惧带给每一个人，成为全人类挥之不去的噩梦。下一场战争，也许不再是血肉之躯你死我活的奋力拼杀，而是掌握着核武器密码的权力之手轻轻一摁核开关。

核武器主导的战争将不再有正当性、合法性、英雄和狗熊的争论，也不会有失败者，更不会有胜利者，那将是人类在扮演上帝角色之后的集体自杀。

当地狱之火升腾而起时，人类将不复存在，战争也将不复存在。

所以，不管人类社会面临何等巨大的挑战，不管各种争议如何发生，战争都不是最佳方案。我们以虔诚之心向苍天祈祷，下一场世界大战，永远不要到来。

祈望理性的光辉照耀整个地球，给人类社会带来持久的和平。

公平正义：一种伦理学局限

影视剧中经常有某某角色严肃地说，为了公平和正义，要怎样怎样。年轻时，每每看到这样的场景，我都会热血沸腾。后来经历了一些事情，慢慢悟出这句话其实是有问题的，但具体有什么问题，也说不大清楚。再后来，有机会游历世界各国，接触到不同的宗教和文化，才明白问题出在哪里。

所谓公平正义，并不能脱离特定的环境和特定的时代，不同的文化背景、不同历史时期对公平和正义的界定是不同的，地球上并没有放之四海而皆准的绝对公平正义。所有的道德和理性，其实都包含着各种要素，都是有边界的，在边界内我们形成了秩序，形成了公平观，但有可能在另一群人看来，完全不是这样。了解这一点后，我们就能理解美国人、日本人、德国人等为何在同一件事情上的看法会跟我们产生巨大的差异。我们有我们的秩序和规则，他们有他们的秩序和规则。

矛盾往往来自认识的差异，认识的差异来自观念，观念则来自文化。所以说，世界上各种文明的冲突，其实大都源于对各自文化体系的顽强固守，对他者文化的排斥。一种文化里的公平，在另一种文化里有可能被认作是非公平。

古往今来的哲学家、社会学家都试图找到公平正义的终极标准，甚至希望建立一套适用于全人类的伦理道德体系，也就是常常说的"普世价值"，结果都失败了。《菊与刀》的作者鲁斯·本尼迪克特认为，道德在每个社会中都各不相同，它是一个方便的词汇，仅仅代表被社会赞同的习俗而已。每一种文化都是其生活方式的集合，是当时当地环境、生产、生活等种种要素长期形塑的结果。文化的千差万别是绝对无法避免的，因此也就不可能有适用于全人类的文化，也不可能有适用于全人类的普适价值。当然，也就不可能有标准化的公平、正义。

然而，文化的差异并不代表绝对的不同。人类不同文化之间的交流，显示了文化的趋同性，而非差异性。在整体方面，各种文化是可以互相理解的，差异往往体现在局部或细节上。某种程度上，各种文化的内涵大同小异，只是在外延上有不同的表达，比如中国儒家"己所不欲、勿施于人"的伦理道德观念，在其他文化里都有相同或相近的表达。这说明各种文化的共识远远多于差异，否则，人类彼此就无法沟通。

只不过，有时候文化的差异被人为放大，从而成为交流障碍。古今各种文化的纷争，都有这种情况发生。世界是一种系统的集合，系统中的当事人在网络世界互相纠缠，这种复杂的纠缠往往以文化的形式表现出来，并形成各自强大的力量，影响着整个系统的平衡或动荡。族群与族群、国家与国家、集团与集团之间的纷争，往往来自文化差异，当差异被放大到足以遮蔽共识时，冲突就会发生。

即使在同一个文化体系内，公平和正义也并不是没有争议的词汇，比如在所谓公平的比赛中，优胜或出局真的是因为公平吗？社会竞争产生的富人和穷人，真的源于公平吗？所以，"公平"这个高度抽象的字眼，其内涵远远比它的字面意义复杂得多，复杂到我们无法想象。在人类社会，绝对意义上的公平是不存在的。

正义也是如此，它只能是某种语境下的存在。如果一定要有绝对的公平和正义，人类社会就有可能永远停留在刀耕火种远古时代——那时也不大可能有绝对的公平正义。恰恰是因为绝对的不公平和非正义，人类社会才爆发出竞争的巨大动力，从而促进了人类社会的巨大进步。

对绝对公平正义的追求，往往会有一个副产物，那就是绝对的平均主义。中国传统文化信守的"不患寡而患不均"，就是绝对平均主义思想的集中体现。事实上，"不患寡而患不均"的思想全球通行，中国如此，其他国家也如此。基于这种普遍的观念，人类就发明了帮扶的策略，以公平之名维持各种文化力量之间的平衡，譬如强者帮扶弱者，美国人帮助非洲人，等等。遗憾的是，这种基于公平原则的帮扶往往会形成路径依赖，让弱的一方更加没有自我成长的动力，帮扶的目的往往并不能达成，甚至适得其反。这是人类的又一个悖谬。

所以，从文化外部进行的公平提升，是有很大问题的。我认为，所有系统的问题还得依靠系统自身来解决，输血不如造血。譬如在传统中国社会，国家只在重大灾害时期才进行救助，而平时各个乡村社会依靠的是自组织的良性运转。自上而下或来自外部的施予的所谓公平，其效果往往适得其反。[①]系统的演化有着它自己的规则，强加的努力，有时会更加恶化现实，效果反而不好。

出于公平原则的帮扶，我们要更多地从系统的关系纠缠方面去考量，对症下药。好的动机并非都能产生好的结果，如果出于公平动机的帮扶换来的却是懒惰和路径依赖，这种帮扶就有很大的问题。

所有物种的演化都是以系统为单位进行的，文化也是如此，因此，讨论公平，也只能在一种特定文化的系统之内进行，才有现实意义。由于文化的差异，在国与国之间泛泛谈论公平和正义，是没有现实意义。与其空谈公平和正义，还不如在竞争规则和相互妥协退让之上多下功夫。在达成共识的竞争规则之下，谈论公平和正义就有了现实基础。基于文化差异的种种纷争，与其硬碰硬两败俱伤，还不如各自后退三尺平衡妥协。在公平概念上的抽象纠缠，往往只能让冲突升级而不可收拾。

---

① 邓云特：《中国救荒史》，商务印书馆2011年版，第3编。

审丑偏好：人性之镜

丑不应是美的附庸，而是复杂人性的某个侧面。在中世纪的基督世界里，人们认为上帝创造的宇宙至善至美，经院哲学家们认为畸形和罪恶对整体的和谐有帮助，就像自然界的明暗对比。基督受难的形象总是浑身血污，面孔痛苦而扭曲，越是如此，基督的神性之美就越深入人心。

罗科的《论丑》写道，某些丑可能是一些好事的开始，比如动物产仔。他还提出自然之丑是一种好丑的说法。认为丑也有善恶之分。塞万提斯的《堂吉诃德》写的是一位被丑化的落魄骑士，你能描述这种丑，给他定义吗？西班牙黄金时代的结束与骑士精神的消亡，又是谁之过？巴洛克艺术家喜欢超乎寻常之物，探索暴力、死亡与恐惧的世界。他们对苍老的男女、苍白的尸体满怀善意。对痛苦和皱纹的描写不再刻薄，而是充满了深深的同情。

在美学研究中，"崇高"一词的讨论离不开恐怖、威胁、荒凉、痛苦，没有这些有形或无形的丑，崇高就不可能产生。尼采把"崇高"定义为"将恐怖附着于艺术手段"。在近代，颓废主义的代表保罗·魏尔伦这样写道:"一切事情都已有人说过,一切快感都已有人试过,一饮而尽,只剩残渣。如今能做的事只剩纵身投入极度亢奋的想象带来的感官享受。"在那些前卫的运动中,催生了以丑为名的新美学的典范。

说到美与丑,不得不谈论女人。翁贝托·艾柯指出,女人的丑大概分为三种,外表的丑、不道德的丑(比如荡妇)、衰老的丑。在各种对女性的仇视中,最为典型的就是对女巫的指斥。我当年看到那些史料的时候,内心被深深地震撼了:成千上万的女性被烧死;把女性和猫联系在一起;女性代表着魔鬼;将外表有瑕疵的女人默认为女巫。基督不是一个崇尚人人相爱的宗教吗?

然而,作为美的化身的作家和画家们,却在大量的文学和绘画作品中兴致勃勃地描绘妓女、情色以及死神般的女神。人们狂热地消费这些画面、场景,连篇累牍地赞叹作家、画家技艺之高超,另一面却又站在道德的制高点上愤怒声讨妓女、情色以及死神般的女神。这种互相矛盾的审丑行为,在人类的每一种文明里都是极为普遍的现象。

说到丑,我们还要谈论一个重要而熟悉的话题:媚俗。

媚俗来源于德文KITSCH,最早出现于19世纪下半叶,本意指的是庸俗的垃圾。这种垃圾,被提供给想要快速而轻易地获得美感的人。叔本华说,真正的艺术应该超越意志的好恶,使事物成为被安静观赏的对象,而媚俗的事物,却直接吸引人的意志,使观看者为之兴奋,这种兴奋抛弃了艺术的目标。媚俗想要卖出的所谓艺术品其实就是廉价的审美体验。媚俗是种种虚妄的色彩，这种虚妄的背后是伦理的罪恶。

这是一个很沉重的话题，我并不全然认同。被斥为丑的媚俗可能在美学意义上有它的缺憾，但在现实生活中，我们不能只有哲学家和美学家的声音。关于媚俗，我想到中国有一个著名的词汇"山寨"。山寨其实是有其巨大的现实意义的，你不能把它完全地归于媚俗，完全脱离现实意义的审美是空中楼阁。当然，山寨文化只是一个绕不过去的过程，它不是结果。其实，任何一种辉煌的艺术，真正的艺术，又何尝不是从媚俗——山寨开始的？只不过，一直停留在山寨文化层面的国家绝不可能成为一流国家。

从山寨到真正的艺术，从模仿文化到原创文化的强大，日本是可以成为我们学习的榜样的。自唐代以来，在过去1000多年里，日本结合自身的本土文化，不断学习、吸收、改良中华文化，最终成就了自己高度的文明。日本的茶道文化、花道文化、寺院庭院文化，你会感觉似曾相识，这不正是从中国禅宗和田园文化改良而去的吗？如果你认为山寨是媚俗，是丑的，那么从丑到美，山寨真的是一个绕不过去的坎。换句话说，丑和美有其相对性，互为镜像，甚至互为因果。

说到丑，我们要说到另外一个话题：互联网。互联网使我们同别人快捷交换更多的信息，这种体验让我们觉得十分美妙，然而，当沉浸于现代科技的魔术中时，我们也正在失去对生命和亲密关系的理解。我们被视频和图片包围，很少有人再反复去读一本经典，很少去发发呆，很少跟自己对话。在互联网的日夜体验中，我们正一天天失去灵魂。

互联网还放大了人性的恶。由于互联网上个人身份的隐蔽性，有些人任意妄为，没有底线，无视规则。在这个网络世界，我们遵守的道德和尊严，正在一天天失去。我们每个人都在一种包装下表演，我们变得越来越肤浅，真诚的品质和美德正在消失。可以说，互联网在带来日常便利的同时，也把人性之丑暴露、放大到淋漓尽致。如何把互联网的普遍审丑转移到审美上来，这是一个非常严峻的话题。如果互联网成了一个恶臭的垃圾场，任由人性之恶在里面抛洒、发酵、蔓延，其后果不堪设想。

希望在这个浮躁而美丑难分的时代，我们能静下心来思考美和丑的现实问题。如果人类美丑不分，就会退化成低等动物和行走的机器，丧失同情心，公平公正也会随风而逝，剩下来的就是同类相残的人类丛林。美和丑的思考关乎人类的未来，趁人性之美的最后一缕光彩尚未湮散，我们要严肃思考如何摈弃人性之丑恶，重塑美好的心灵，重塑一个美丽世界。

人才属性：从工具到心灵回归

"人才"可能是非常容易引起歧义的一个词语，因为人们往往会忽略一个事实：人才是一种价值结果，而不是一种个体的素质集合。你的足够厉害只有在战场上才能表现出来，而不是挂在嘴上。诸葛亮够厉害吧，但是没有刘备请他去指挥打仗，他的厉害也就没有任何作用，世人也无从知晓和确认他是个厉害的人才。

在不同的时代，人才的属性是大不相同的。农业时代的人才就是掌握国家政权的社会精英，工业时代人才的工具属性大于人的属性，而在刚刚开始的互联网时代，人类重新获得了心灵的关照，兴趣成为人才种子发芽生长的催化剂，人人都有可能是人才。因此我们有必要对人才这一现象进行大致的梳理，以减少对自我认知和他者认知的偏见。

人才来源于分工，人才的价值体现在分工的稀缺性和社会的需要。人类是一个巨大的网络系统，每个人都只是这个网络中的无数子网络、孙网络中的一个节点。在历史上和现实生活中，如果没有足够的网络平台,个人的力量是得不到发挥和认可的,也就是说你刚好在一个好的平台中表现优秀,而这个平台在更大的平台中占据有竞争的生态位;或者说人类秩序被重新改写和定义的时刻,是历史把你推到风口浪尖之上,是历史成就了一批人才的诞生,你本人也刚好足够优秀和足够幸运。

人才是时代的产物,在农业文明时期,人才主要是管理国家的士大夫阶层——所谓的精英阶层,这类人才是根据治理国家的需要而产生的,并且根据身份和对文字(话语)的控制权,形成了围绕皇权自上而下的社会秩序。在西方封建制度时期,血统才是人才最重要的标志。在中国封建时代,各阶层是可以流动的,流动的方式主要就是科举(隋唐之后)。科举主要是考核以儒家为主的道德修为,以管理国家为目标的治世之学,某些朝代也把诗词书画列为其中的科目。有些时候,地方官员推荐、选荐民间的人才,也是阶层流动的方式。

在工业文明时代,人才是按照工艺流程生产出来的,其中有很强的国家意志。在国家层面,每个人都是有用的、以效率为目标的生产工具。人才既是教育的产品,同时又是商品,可以用来交换。在各种各样的人才市场,每个人都有其自身的价格,静待雇主上门挑选。所谓人才,在很大程度上已变成金钱的奴隶。在这里,他的工具价值远远大于他作为人的价值,用人单位挑选这个人才,是需要一个会自动行走的合适的工具,不会有人关心你的心灵的需求。你就是一个会讨价还价的实用工具。这种现象,是在现代工业化流水作业的实际需求中产生的,并没有人故意要去这样做，因为集体的标准化合作才能完成流水作业，产生资本预期的效益。用人单位需要你高度服从，而不是自作主张。能达成这一目的的方法，就是不再把人当成人，而是当成工具。资本是手，人是被资本"拿捏得死死的"工具。

在工业文明时代，连死一个人多少钱都有明码标价。一切都被物化，唯独心灵无人照顾。这不能不说是历史的悲哀。正如韦伯所说，工具理性代理了价值理性。在工业文明时代，既没有传统的信仰，又失去了人与人的亲情和友善。法律代理了道德，强制性代替了自觉性，人或者所谓人才，只有忘掉自己是一个活生生的、需要心灵关照的人，时刻提醒自己不过是一个暂时有用的螺丝钉，一个能为资本追求预期效益发挥作用的、不会反抗的工具，你才能在这伟大的资本时代找到自己的一席之地，并得到活下去的许可。在这样的情况下，所谓人才，不过就是岗位的代称，他本人应该是没有多少人才的那种尊严感和满足感的。在这里，人性被忽略，甚至被有意识扼杀，资本期待的就是绝对服从。

工业文明发展了科学技术，积累了巨大的社会财富，却把人变成了机器，原本充满人性温暖的人类社会被搞得冷漠、迷茫，充满种种戾气，这或许是创造工业文明的人们所始料不及的。所谓工业文明的理性，也是很值得打一个大大的问号的。

在工业文明时代，人才的培养应该叫作岗前训练才对，没有培养这回事。培养是针对人性的，而资本不需要人性，它需要一个机器，甚至就是一个机器零件，一双高度自动化的保持沉默的手。所谓人才培养，不过就是根据各种岗位需要训练一双熟练工作的手。就算你是一位非常厉害的工程师，你在资本这架张着血盆大口的贪婪机器上发挥作用的，也仅仅是你的一双手，而不是你诗情画意的浪漫心灵。资本不需要心灵，更不需要诗情画意，它要一双手，以满足它对利润永无止境的渴求。一旦某一天真正的机器手达到了人手的水平，甚至超过了人手，那么它连你这双绝对服从的手也不需要了，就会毫不愧疚地一脚把你踢开。这就是工业文明的理性。

工业文明尚未谢幕退场，互联网文明时代（智能时代）又降临人间。相对于工业文明，互联网文明的优势在于信息和平台的巨大开放性，使真正的人才有机会回归心灵的关照。在互联网时代，只要你是人才，你就有可能实现自己的梦想。你可以不需要任何成本而向全社会展示你的才能，从而获得客观的生存资料，或者以零成本、低成本实现创业梦。这一点，在农业文明和工业文明时代是不可想象的。互联网时代在某种程度上为人才的个性化发展提供了足够广阔的空间，真正的人才也终于有可能以个人兴趣为出发点规划和实施自己的职业计划。兴趣，正是基于心灵的渴望。

互联网时代的来临，使人类社会瞬间释放出巨大的创造激情，社会财富获得急速的增长，这中间的奥妙，其实正是互联网时代回归了人性的关照，人的心灵再次被雨露滋润，个人的才能于是蓬勃生长，爆发出巨大的能量。

在互联网时代，由于人人都有机会释放自己的能量，人人都有机会创造财富神话，传统的社会分层已不再稳定不变，阶层流动也呈现高度的自由化和灵活化，甚至不再有人过分在意阶层这个过时的玩意儿。当所有人都喜欢穿牛仔裤的时候，阶层已经变得模糊不清，社会秩序和游戏规则也被悄然改写。

在互联网时代，人人都是人才，人人都有可能释放出巨大的能量，创造种种神话。譬如一个名不见经传的乡村姑娘，通过拍一些短视频放到网上分享，结果获得了巨大的关注从而实现了财务自由。在她的这个神话中，依然可以看到资本的影子，但这已经不重要，重要的是她的个人兴趣得到张扬，个人兴趣成为创造财富神话的关键要素。互联网文明的人性化程度是远远高于农业文明和工业文明的，虽然它也制造了种种问题，但仅仅从对人才的心灵关照这一点来说，互联网文明是了不起的。

从工业文明时代到互联网文明时代，两种人才观是对立的，一个是标准化、工具化人才，一个是人性化、兴趣化人才，这是两个时代对人才要求的最大区别。

在工业时代的教育中，每个人学到的是标准答案，这种更应称作培训、训练的死板教育，很容易让受教者变得固化——行为的固化，思维的固化。这种训练其实是用普遍视为真理的种种偏见来代替真实世界。这样的训练，其危害性显而易见，因为在现实世界里并没有什么标准答案，有的只是瞬息万变的危机，需要的是针对这些巨大的危机迅速作出相对最优的解决方案。

在未来教育中，人们学到的只是一种方法论，他们不会迷信某种权威，他们有多套解决问题的办法，他们有自己的独立判断。

在传统教育中，从小学、中学到大学，人们人为知识是一种加法。其实目前的教育最大的问题是制约了人本身，人是有差异的，这个世界没有完全相同的两个人，可我们为什么要按照相同的方式去培养所有的人呢？这是一种愚昧的做法。人无全才，人人有才。只有相信人与人是不同的，人与人的兴趣、特长是不同的，才会培养出不同的人才。

因为兴趣，人释放的能量会完全不同。所以教育是一个乘法规则，你的学习乘上你的兴趣才能成就你的未来，这个兴趣可以乘上十倍，也可以乘上零点一。如果没有兴趣，你会越来越不喜欢某个学科，因为你不喜欢，所以你的成绩会很差，而学校又是一个奖优罚劣的系统，你会越来越不被认可，不被认可的同时严重打击你的自信，直到放弃。

人才又区分为专才和通才。你钻研一门学科，通过几万小时的努力，就可能成为一个专才。如果你对人类社会组织感兴趣，能把各种行业的专业人士团结起来，你就是个通才。专才和通才没有高低之分。如果你既是专才又有通才的本事，那无疑会增加你的竞争力。但大多数人既不是专才，也不是通才，只是平庸的大多数。

3.0版教育升级的现实悖论

教育是人类文明的基石。我们一直在寻求针对当前需要的相对较优的教育问题解决方案，而不能说今天的教育就一定优于古代的教育，更高级的教育就一定会让受教育者增加人生的幸福感，增加自我满意度，没有这回事！悖论无处不在，教育也是这样，这让每一个人都感到十分困惑。

教育源于社会分工，人类大系统的演化推进着教育的演化，教育演化也强烈影响和改变着整个人类社会，影响着每一个人的生活。几千年来，教育经历了古典时期和工业时期，未来时期已经在我们脚下。如果我们把古典时期的教育定义为1.0版本，工业时期的教育定义为2.0版本，那么未来的教育可以定义为3.0版本。

在分析各个时期的教育之前，我们要弄清楚教育的伟大意义。世界是系统的集合，不同量级系统和系统之间相互纠缠，促使能量流动和信息传递。人类对世界的认知是以信息为最先的接口，从信息中理解到能量的流动，从能量的流动中理解到系统的纠缠，以及系统的集合。在人类大系统里，推动系统演化的要素主要是科技、社会组织、文化。这些因素的变化，都离不开教育的巨大力量。

近代大学以普鲁士的洪堡大学为标准，主要体现了工业文明形态下的世界分工、学科分工。2.0版的教育相对于1.0版古典教育具有无比的优越性，但随着时间的推移、技术的进步、社会组织形式的变化、文化的多样性——具体表现为5G技术和VR技术的出现，互联网加快了信息的交流，人工智能代替了基础劳动。社会组织变化则表现为国家的单一权利结构组织形态正在被公司形态、国际组织、互联网组织分解。文化多样性来自信息传递的快捷，全球化带来文化的高度融合和混乱。单一文化组织形态已不复存在，去中心化的个人主义文化现象充斥着人类系统的每一个角落，这一切流光溢彩却又纷繁复杂的变化，倒逼教育系统更新。

2.0版本教育系统的缺陷随着时间的推移而越来越明显，主要表现为：批量生产无法满足个性化教育的需求；流水线的教育方式违背和忽视了人与人基因的差异；标准答案无法解决变化中的问题。个性释放时代到来，兴趣才是人类最终的追求，而2.0版的教育更多地把人当成商品和国家的需要，这就违背了现代教育的本质。人类已经普遍认识到：个人不是商品，个人不应该完全依靠出卖劳动和知识来换取面包和房屋，作为人的价值和意义应该得到体现。因此，未来的社会组织应当是基于兴趣的自由组合。

过去的教育系统有如此明显的缺陷，改变就成为必然的选择，3.0版的教育系统应运而生。然而，3.0版的教育应该是什么样子呢？我认为，未来的教育应该是能力的学习，包括适应变化的能力，解决问题的能力，跨学科综合的能力，终生学习的能力，全系统思考问题的能力，批判思维的能力，深刻洞察事物的能力，自我调节的能力，与人工智能合作的能力——而不仅仅是一种生产技能的学习。

知识不等于能力，未来的教育不是传授知识，知识只是能力构建的基本单元，知识只是义务教育阶段完成的课程，能力训练则是贯穿各个教育阶段。知识是零件，能力才是零件装配起来的利器。

分工诞生了人类文明，教育则推动人类整体竞争力的发展，现代社会过度细化的分工也导致了教育的过分细化。过细的分工和教育也许会产生效率和精致主义，也有可能让人类迷失整体的方向感，并面临巨大的灾难。所有的福音有可能都是诅咒。效率是推动人类迅猛发展的武器，效率也有可能毁灭人类自己。所以我们不能说，今天的就一定比昨天的要好，现代主义就一定比古典主义高级，未来的教育就一定比过去的教育更为合理。历史更多的时候是在兜圈子，而不是所谓的向前发展。

包括教育在内，人类一直在以整体系统的形式进行着演化，任何单一的个人和国家都无法阻止演化的战车。现在，我们清楚地知道演化的步伐正在加快，却不知道演化的结果和方向，就像我们知道宇宙正在膨胀，却不知道膨胀的结局如何。我们能做的，就是站在当下的坚实土地上，做好当下的事情，3.0版的教育正是在这种情况下诞生的。

过去几千年来,人类在建立秩序的进程中取得了巨大的成就,这些巨大的成就有教育的巨大功劳。然而,未来的教育从某种角度讲有可能成为现有秩序的破坏者,比如我们已经看到,科技(特别是互联网技术)对原有秩序的破坏,而且,科技正在成为人类阶层新的划分标尺。一部分人掌握了最新的科学技术,从而成为历史的新贵,而大多数没有掌握最新科学技术的人,则在竞争中败下阵来,这是现代教育产生的意想不到的结果。教育导致了社会阶层的巨变,社会掌控权逐渐向经过严格现代教育训练从而掌握了现代科技钥匙的人手中聚合。

在现代社会,越早通过更高级别教育来武装自己,在未来的竞争中就越有可能胜出,教育的重要性不言自明。没有接受系统现代教育的人,不大可能成为未来生活的主人,不大可能成为职场的胜利者。这也显现出未来的竞争规则会更加公平,对底层百姓更加有利,因为未来社会弱化了裙带关系带来的利益掌控,强化了科技的巨大权力。

在人生的十字路口,你需要做的就是接受系统的现代化教育。当然,这涉及种种原因导致的教育不公平的问题,这是另外一个话题,此处暂不讨论。现代科技摧毁了旧的秩序和旧的财富分配法则,并重建了新的游戏规则,这是教育带来的巨大转变。未来3.0版的教育,必将强化并催生更为公平的社会秩序、财富分配规则。

3.0版教育,最为重要的是学习适应变化的能力和终生学习的能力。在科学飞速发展的当下和未来,任何先进技术都是暂时的，任何优势也是暂时的，任何权利也是暂时的，这一切的暂时性就会导向一个结果：观念的暂时性。再没有永恒不变的真理，再没有永远实用的法则，一切都在快速的变化之中，因此你在自己的一生之中要随时准备改变自己：观念和技术的改变。

虽然改变是有悖人性的行为，确定感才是人性最为渴望的，但在一个大变革时代，迅速的改变才是最大需要，这就要求我们必须拥有终生学习的能力。在3.0版教育中，终生学习的能力、适应变化的能力比知识更为重要，3.0版与2.0版教育最大的区别，就在这里。2.0版要求我们掌握知识和技能，3.0版则要求我们学会应变、学会终生学习。

只有终生学习，才有可能跟上时代的步伐，你会因此而感到十分辛苦，然而，时代需要你这样做，只有奔跑才不会停留在原地，才不会被社会遗忘。从这一点上说，真说不清楚3.0版和2.0版哪一个更好。

我其实是怀念欧洲古典时期的大学（神学院）的。在古典式教育时期，你只要从某所大学毕业，有点学问，便可以在整个欧洲游学，那时期都是拉丁文的天下。你也可以去当个受人尊敬的神父，在某个教堂生活，安宁而平静。如果生活在宋代，你只需要学通儒家经典，能写诗填词，就可以自认为是读书人，到书院去讲学，或者去当个文化名人，生活在花柳巷中，或者种菊南山，或者挂个幌子，等着某位达官显贵来三顾茅庐。

但现实就是现实，没有假设，感伤的浪漫怀念只能抒发一己情怀，却无法让你回到浪漫的古代社会。每个人都是历史洪流中的一粒沙子，被无法抗拒的力量裹挟而行，逃无可逃。

如果历史是在通向美好的未来，那么，3.0版教育正是你通向未来的钥匙，要好好把握。

教育本质：有用性与心灵成长

我当了20年的大学校长，当然会时时思考教育的本质问题，虽然不是想得十分透彻，但一直在认真探索，将来到孔夫子那里去报到，也就可以吹牛说这个问题我是想过的，只是想得不太明白而已。

社会花数十年时间来教育一个人，这是人类的创造。教育是分工的产物，分工的实现，使得部落中那些经验丰富的年老智者担当起传授生产生活技能的职责，这些传授生存技能的老者就是最初的教师。正是在这一代又一代的传承中，人类才成了今天这个样子。

发展到现在，教育形成了一个分工细致的庞大产业链条，全球数以亿计的人从事这项职业，小学老师、中学老师、大学老师、师傅、培训老师、心灵导师等，他们在各自的领域里精心传道、授业、解惑。教师的特殊性使其成为受人尊敬的职业。

但是很少有人去思考过教育的本质。教育是最没标准、最难统一的一项工作，虽然在国家层面为教育设定了种种标准，为国家培育"有用的人才"。"有用"成了教育的目的，也被人们错误地当作了教育的本质。在这样的教育观念下，不管是宣传口号还是实际的行为，教育机构的人都知道自己该干什么：为国家培养有用的人才。

在这样的教育体系中，由于受教育者的个性被忽略，受教育者的个体愿望得不到支持，教育者和受教育者都成为目标明确的功利主义者、实用主义者。从这个角度来讲，我们的教育似乎难以培养出天马行空光芒四射的创造性大师。

所以在教育实践中，受教育者的有用性本质上是不重要的，因为有用性仅仅局限在机器式的被动功能。我们的教育应当回到心灵成长、个性保护的路线上来。个性张扬的创造性人才，才是我们的教育应当着力培养的，而不是熟练的工具手。

经过几十年的努力，我们的国力大大增强，但大家不要忽略的是，我们借以迅猛发展的技术、机器，有几样是我们自己原创的？你正在使用的电脑，你正在驾驶的汽车，你正在打开的冰箱，以及燃气灶、手机、各种App、碳酸饮料、美味的咖啡，是我们自己创造出来的吗？我们这个伟大了几千年的族群，当然不缺创造性人才，但是，由于对教育本质认识的偏差，不可胜数的创造性人才最后都成了埋头苦干的工匠。

如果我们把教育放到人类社会这个巨大的复杂网络中去考察，就会发现教育的本质是育人，而不是培养有用的工具。在人类社会网络系统中，各种关系纠缠在一起，非常复杂，而单一的个人只是这个网络系统中的一个基本单位，就像是人体的一个细胞。细胞也是作为人体的某一个器官的细胞而存在，一个器官是由无数细胞组成，每一个细胞的寿命又很短暂。一个器官由胚胎到成熟，作为身体的一部分，最终这个器官再由成熟到死亡。由于细胞的生命周期只有短短几天到几个月，所以细胞无从理解整个器官从产生到成熟再到死亡的过程。作为单个的人（细胞），他更希望达成的目标，就是发展自我，让自己变得更为强大，活得更有尊严。如果个性被伤害，作为个体的意义就不复存在，个体就成了不会思考的零件。作为细胞的个体失去了主观能动性，由无数个细胞组成的这个器官还会有强大的能力吗？

所以，教育的有用性是目的，而不是本质。充分尊重受教育者的个体差异，充分尊重受教育者的个体意愿，从小保护受教育者的奇思妙想，保护他那喷薄而出的创造欲望，这才是教育的本质。基于这样的教育理念培养出来的人才，才有可能成为创造大师，才会让我们这个伟大的族群高瞻远瞩地走在世界前列——这才是教育的真正有用性。

每一个人，只要他是正常的，他就会有向外求和向内求两个方面的强烈欲望。所谓向外求，就是在社会网络系统中能拥有更大的社会价值，比如当个政治家、科学家、企业家、艺术家、体育明星、演员等；向内求是指能够获得家庭幸福。这两方面的欲求，都指向了同一点——个体的价值和尊严。如果个体的价值和尊严得不到实现，得不到保障，他就会成为一个有问题的人，遑论创造，遑论有用。

由于个体差异，有的人更喜欢也更擅长当科学家，有的人则喜欢和擅长当艺术家，有的人更擅长政治，所以把受教育者当成机器零件来培养，实在是费力不讨好，是低效率的教育方式。正确的教育是唤醒受教育者的心灵能量，让更多的受教育者成长为他们各自梦想中的伟大人物。个体的强大，必然导向国家、人类整体的强大。

在古人看来，教育的本质就是传道、授业、解惑，然而在现代社会，不少老师自己都是困惑的。教育对有些人来说成为一种纯粹的职业，一个饭碗。道依然在那里，只是少有人（不管是教育者还是受教育者）再去思考何为道，没有人去管它，道，也就会真的不存在了。关于解惑，孩子们有太多的困惑，有人去真正解答过吗？对照标准答案的无休止的解题，代替了孩子们的正常思考，受教育者成了解题的机器，哪里还有时间去关照自己的心灵，哪里还有时间去解答人生的种种困惑！

在我看来，教育应该是让孩子们知道世界的真相，给他们更多的支持，让他们明白世界是什么样子，个人的情况是什么样子，把决策的权利还给孩子们。告诉他们哪些事情是可以通过努力实现的，哪些事情是不能改变的；告诉他们每个人的基因是不一样的，每个人的长处也有可能就是他的短处；告诉他们要学会如何去和这个世界相处、和自己相处、跟生命和解；告诉他们善与恶是相伴而生的，这世界上没有绝对的善，也没有绝对的恶；告诉他们要找到可以依恋的关系，并组建家族，共同对抗孤独与死亡；告诉他们要谦卑地生活，开心地生活；告诉他们要学会安身立命，要回到大自然中去，并明白人类系统只不过是大自然系统的一个组成部分，人类只是大自然系统的一朵浪花，一个偶然的存在，只有回到那里，回到大系统中去，你才可能回归平静，得到永生。

商业：行业污名化的困境

经商可能是最让人纠结不已的职业之一，因为这个职业很容易被人贴上"奸商"的标签。然而经商又让人神往，因为没有哪种职业能比经商更容易暴富——这正是商人们纠结不已的原因：渴望金钱，也渴望道德认同。这是一个很难达成共识的难题，因为商业的本质是利润，越多越好，但是你的利润多了，就意味着消费者多付了钱，消费者当然要骂你是奸商。既要丰厚的利润又要赢得深情的赞美，这几乎是不可能的：买方与卖方永远是博弈的对手。因此，"奸商"这个标签，恐怕永远都要贴在商人们的背上。

一个行业如何去污名化，是很值得去思考的一个问题。

首先，我们可以尝试捋清商业到底是怎么回事。

我第一次听人讲商道，是20世纪90年代初期刚创业不久。隔壁公司一个副总，40多岁，从农业银行出来的，他告诉我们这些年轻的创业者，商业就是一个时空问题，今年的商品明年卖，赚的是时间的钱，新疆的商品运到重庆来卖，赚的是空间的钱。我甚以为然，因此铭记在心。

后来，我忙于办公司，忙于读书，忙于办学，匆匆30年过去，也没能认真反思过这个问题——商道究竟是什么。

何为商道？

商业的本质就是交换，没有交换就不会有商业。商业是人类网络连接的要素，与血缘关系、政治认同和宗教文化同等重要。劳动成果的交换，是社会形成的核心力量之一，交换形成了人与人之间、族群与族群之间的互相需求的关系，也就形成了社会。在动物世界，没有形成这种交换关系，所以它就是一盘散沙，没能形成人类这样大规模的社群组织。所以，交换在人类社会形成、发展中的作用和功劳是巨大的。

在今天的社会里，我们很难找到没有交换的组织。劳动力市场就是一个人用时间交换工资。婚姻本质上也是一种交换，教育市场也是一种交换，好听的说法是合作共赢，不好听的说法是交易一个人的价值。交换来源于他人的需要和估价，估价是基于一种共识，譬如茅台可以卖到3000元一瓶。有需求才会有定价，不管成本是多少，商品的价值和成本没有任何关系，它只是一种共识，这种共识来源于同类商品的比较，或者来源于没有竞争。

交易带来的是人类组织的连接。商品之间的连接媒介有两个，一个是商人，另一个是货币。货币是为了交易的方便，从黄金到纸币到银行账户到比特币，都是为了交换方便，它是在一定范围内互相认同的一种价值符号。在远古时代，交换没那么复杂，一个人把商品卖给另一个人，另一个人再卖给下一个人，形成一种线性交换关系。丝绸之路就是这样形成的，中国的丝绸几经倒腾，出现在欧洲的宫廷之中。

线性交换关系有两个问题要解决，一个是信息不对称，另一个是信用不传递。正是因为信息不对称，才会有中间商挣差价，意思是说，商人们挣的钱正是信息不对称带来的。如果信息对称了，一切都公开透明了，商人也就赚不到多少钱了。所以，卖东西的人喜欢信息不对称，我不能让你知道我这个商品的真实价格，那样我就可以漫天要价，买东西的人则希望知道上家的真实价格，希望不当冤大头。所以要解决信息不对称的问题，就很复杂，准确掌握市场行情，对商品准确估价，就非常重要。

关于信用传递问题就更为复杂，对于商人们来说，人们更喜欢现款一手交钱，一手交货，否则，交换就无法进行。就是到了现在，商品交换的这一形态依然没变，即使我们用支付宝付款，微信扫一扫，那里面使用的依然是真金白银，而不是空气。后来在大宗交易中出现了信用证，成为解决信用问题的一个辅助手段。

然而，在实际操作中，商业交换的信息不对称、商业信用无法传递等千古难题，却一直没有得到很好的解决。这也让全社会对商人有非常负面的评价，认为无商不奸，这是一个事实，同时也是一个误解。之所以说是一种误解，是因为信息不对称不是商人造成的，它是商业交换过程中的一个客观存在，商人利用这种缺陷赚钱，有其合理性。同时，信用无法传递也不是商人造成的，而是人性使然，在最不靠谱的人性面前，在无数血淋淋的过往案例的警示下，如果没有足够强固的担保，谁敢轻易信任谁呢?

在商业交换的过程中,人类网络越来越复杂化,出现了城市,再后来出现了中心城市,古代的罗马、中国的长安,商业也从线性关系变成中心型关系。在中心型关系中,各个网络节点跟中心城市连接为一个网状的整体,中心城市成为商业的中心,成为超大型的批发市场。人们把货物运往商业中心,集中在这里进行交易,然后再从商业中心发散到整个商业网络的消费末梢,卖给消费者。

这一交换形态,沿用至今。不管是物物交换,还是货币交换,几千年来,商品交换的基本模式没有变,那就是利用信息不对称赚取差价,利用供需不平衡赚取利润。

然而,信息技术出现后,打破了这一流传几千年的基本模式,一定程度上终结了信息不对称造成的欺诈交换。利用连通每一个人的互联网,把中心城市的商业功能搬到互联网上去,形成了更大规模的虚拟交换中心,美其名曰网上超市。千万商家通过一根网线接入虚拟世界,从四面八方汇集到虚拟交易中心,在这里进行虚拟交易后,再从分布在全球各地各个商家的库房里把货物投递给消费者。在虚拟交换中心里,没有一砖一瓦,唯有交易信息。

由于同类货物的价格公开,互联网交易就解决了信息不对称的问题,第一次实现了相对的公平交易。而以国家银行为背书、阿里巴巴等商业巨头为担保的虚拟支付手段,也很大程度上解决了交换过程中信用不传递的难题,从而实现了商人与消费者之间比较充分的互信。

网上虚拟交易的出现，使信息对称、商品价格公开透明，一定范围内结束了商业的暴利时代。一些传统的交换形态也受到极大的破坏，包括一些传统的大型超市，纷纷倒闭。十几年前中央电视台的标王，可以让默默无闻的厂家一夜之间家喻户晓，央视的广告也因此成为天价。2013年，百度的广告收入正式超过中央电视台。抖音更是往前大大推进。这些都是交易竞争的必然结果，人类总是选择最优的交换方式，没有谁能阻碍前进的步伐。

互联网交易使得交易更为公平，交易效率也呈几何级数增长，商品市场也更为繁荣。

前面说过，商品交换的利润，往往来自商品供需的失衡。过去40多年，中国出现的大批亿万富豪，正是市场供需失衡的产物。20世纪80年代，中国开始实行市场经济，后来又有城市化运动、进入世界贸易体系，这一系列的大动作形成了巨大的供需失衡，特别是大量农民进城而形成的巨大的住房刚需，抓住这次巨大机会的人，创造了财富神话，也圆了自己的致富梦想。这些亿万富豪的横空出世，印证了那句古话"时势造英雄"，而不是英雄造时势。当然，对于伟人们来说，也有可能是英雄造时势，这是另外一个话题。

因此我要说，过去几十年中国的亿万富豪侥幸获得商业成功，并不代表这一代企业家有多牛、管理有多好，只能算是一种时代造就的好运。现在，随着整个社会商品供需平衡的完成，这种好运也就差不多结束了。直到商业结构的再一次调整，供需关系的再一次起浮，才有可能成就另外一批亿万富豪。商品的供需关系不会永远平衡，也不会永远失衡，这是一个潮起潮落的关系，因此，机会永远存在，你需要的只是耐心和等待。

说到这里，我们大致捋清了商业的历史和运作手段，我们会发现，商业的本质就是供需交换，供需失衡则是所谓的商机。因此我们回到本文最初的话题上来：商业的污名化。按照熵增原理，混乱是必然的趋势，秩序只是偶然的存在，那么供需失衡是一定会发生的。商人利用供需失衡赚取利润，本质上有其合理性，因为利润会让更多的商人加入进来，给市场提供更多的货源，供需失衡的问题很快就能得到解决，市场就会恢复稳定。如果说世界上存在铁律，这就是铁律。

只不过，在商业市场的潮起潮落中，作为一个商人要深刻地意识到，没有一个人是可以孤立地存在的，你能够在这个世界上过上舒服惬意的生活，那是因为有无数的人在提供服务，你是舒服地活在一个巨大而精密的社会系统之中。因此，你赚得越多，就越应该反哺社会，在追求财富梦想的同时，一定要有家国情怀。实现个人的商业梦想很重要，但只顾赚钱却忘记了为何赚钱，就不会是一个好的商人，就会背上奸商的恶名。

在我们的文化传统中，家国情怀是一种非常优秀的品质，所以人们会把有家国情怀的商人叫作儒商，给予极大的尊重和极高的社会地位。作为儒商的反面典型，就是奸商。一旦人们认定你是一个奸商，就算你富可敌国，也会被人瞧不起，甚至遗臭万年，那么你拼命赚钱的意义在哪里？实在值得反思。儒商是国人的道德标杆、行为的模范,既拥有财富,又得到全社会的高度认可,这才叫双赢人生。

须牢记,取之于民,用之于民。钱没有姓名,它属于所有的人,离开了"所有的人"这个集合概念,钞票就是废纸,黄金也只是嚼不动的废金属。

只知道拼命追求利润的人,就真的是奸商。

生与死：互为因果的生命镜像

在人类认知的所有偏见中，对死亡的偏见是普遍而根深蒂固的。人类曲解了死亡的本质，也因为这种曲解而加深了对死亡的恐惧，以致于对死亡的恐惧成了人类的终极噩梦，变成人类基因组中最为顽固的成分。

死亡是每个人都绕不过去的话题，然而，很少有人能做好面对死亡的准备。我第一次目击死亡，还是在孩童时代，故乡一个不得志的人喝完酒后掉到水库里淹死了。那座水库是供全区人饮用的水源，所以他的尸首打捞起来后，还有很多人骂他，认为他弄脏了公共水源，简直就是一种不怀好意的死亡。我以孩童惊奇而恐惧的双眼，目击了打捞死者的过程，看到一个活生生的人死亡后，那么毫无生气地水淋淋地躺在泥地上，觉得非常不可思议。这个可怕的场景，一直留存在我的记忆中，挥之不去，迫使我很早就开始思考生与死的无解之问。

后来是毛主席去世，故乡的街上都设了灵堂，大家都哭着祭拜。当时的场景也令我记忆深刻，所有的人都在为一个人的离世而号啕大哭,对于我这样一个尚未晓事的孩童来说,也是一件很难理解的事情。那一年我刚上小学,第一节课就是学习《毛主席万岁》,但是我那时太小,不知道"万岁"是什么意思。

再后来我上大学的时候,一位高中女同学大年三十死于车祸,她是我的友好,还找我借过几本书。我们一大帮同学去送行,可以说这是第一件跟我自己有真正情感关联的死亡。从这一次开始,我对死亡有了心痛的感觉,开始知道亲近的人突然离世后产生的那种无法言说的难受和虚无。

再后来,就常常去火葬场送别朋友、长辈。直到自己父母离去,我才算是真正直面死亡的困惑。母亲走前的最后一刻,在我手心中画了个圈,似乎是告诉我她的人生走完了,没有遗憾,似乎是告诉我要让家人团结一心。母亲走后,我亲眼看着母亲被送进火炉,半小时后变成一堆白灰,殡仪馆的人员把骨灰装进骨灰盒里,那一刻,就是用"虚无"两个字也不足以形容我的内心。

从此我与母亲就天人相隔,只在梦中有几次相见。

几年前看了部电影,讲的是遗愿清单,就是把此人想干而一直没干的事情写下来,利用最后的时光去完成。于是我依葫芦画瓢,也学着写了份遗愿清单,努力把清单上的内容一个个去实现。只是时过境迁,环境变化,很多想法又变了,后来这个清单也就不了了之。但是,这次的清单经历,让我深刻地理解了生与死的关系:它们亲密无间,互为镜像。

生与死,其实就在一念之间。

死亡是人类最大的恐惧,没有之一。所谓人生除死无大事。

基督教也讲：在彼岸世界，在上帝面前人人平等。也就是说，有各种各样的生，但死亡却是公平的，死了就死了，灰飞烟灭。人人都知道自己必死无疑，就算你运气好，活了100多岁，最后还是得死，所以一切的宿命都敌不过死亡的宿命。人类对死亡的恐惧，来自死亡的不可改变，没有人可以逃脱死神的利爪，贵为上天之子的皇帝也不行。所以人类对死亡的恐惧无比深刻而绝望，死亡成为最大的恐惧。那些掌握了生杀大权的人，因此用死亡的威胁来维系统治，因为死亡是每一个人的终极噩梦。那些为理想而死的人，他们并不是不怕死，而是有更重要的东西掩盖了对死亡的恐惧。

生育繁衍可以说是对抗死亡最厉害的发明创造，看不见的自然之手也知道死亡不可抗拒，因此就创造出繁殖以让生实现永恒。在自然力量的一切创造中，没有哪一件比自然繁殖更重要。没有繁殖，一切生命都不会存在，我们也没有机会在这里讨论生和死的烧脑问题。个体的死亡依然不可逆转，但生殖繁育却让生命的种子一直活着，所以这是大自然最牛的发明创造。从这个角度来讲，死亡是一种假象，活着才是真实的存在。从父亲到儿子，死亡的只是老旧的躯体，灵魂却以基因的形式传递给另一个生机勃勃的躯体，一直活着。所以我要说，生与死是一种镜像关系：他死了，却以另一种形态活着；他活着，但他正在死去。

在一些文化学者看来，一个人的死亡会有两种形态：一种是自然死亡，生命的物质载体消失了，但他的名字还被人们时常提及，这只能算是肉体的死亡，他的符号还没死；另一种是死亡后所有的人都忘记了这个人，成为从符号到实体的真正的死亡。为了对抗遗忘，人类就发明了著书立说，以著作的方式让后来者知道，曾经有这样一个生命来过一趟，因此，这本著作与其说是一本书，还不如说是证明某人存在过的证据，这也算是个体对抗死亡的一种无奈之举吧。

著书立说的发明，不但让后来者记住了那个具体的人，还能传承族群的文化基因，实现族群的永生，这是非常了不起的成就，可以与大自然发明的生育繁殖相媲美。

所以，我要说，生和死的判定，不过是个角度问题。

在藏传佛教中，有活佛转世的传统，在东南亚也有很多这样的案例，人们相信生命是可以转移的。中国佛教文化讲六道轮回，认为生命是个循环系统，只有大彻大悟后才能涅槃永生，不受轮回之苦。道教文化则讲修炼，修炼好了可以成仙，成仙就可以不死……林林总总，不过都是说，永生是存在的。在现代科学看来，这些古老的文化并非全是痴人说梦，并非全然的愚昧迷信，关键在于你怎么理解生和死。

在现代社会，人们忙着挣钱，忙着科技进步，人死了就死了，大家都没精力去深思，对他人的死亡持一种非常麻木的心态，很少有人去深刻体会死亡的悲伤和剧痛。事实上，每时每刻，都有很多人不得不面对死亡的恐惧，有很多人正在恐惧中死去，在不甘心中死去，在医院死去，在没有尊严中死去，在没有爱人陪伴中死去，在孤独中死去。我父亲去世时他就很恐惧，我拉着他的手说："别怕，别怕，我们都在你身边。"然后看到他慢慢放松，慢慢放下。那一刻，我十分无助，灵魂剧痛，哀哀哭泣。

说到死亡，不得不提到自杀。人生中总有些黑暗时刻，如果你跨不过去，自杀就有可能成为一种解决方案。现代社会的抑郁症就更复杂些，一种是心理上觉得生命没有意义，另一种是生理上的，人体基因带来的，对生命充满了与生俱来的负面情绪，不管是哪一种情况，都有可能用自杀的方式，用主动的死亡来表达对生的厌倦——这种厌倦，本质上还是对死亡恐惧的一种变形表达。

关于死亡，我最喜欢庄子的见解，我们原本来自大自然，然后又回到大自然中去，至于变不变成蝴蝶有什么关系呢？

所有死亡形态中，孤独地死去可能是最为悲伤的。不少人知道这个道理，所以在年老后不得不面对死神召唤时，就会找几个一辈子的亲友，大家一起去面对，走一个，其他人去送一趟，当然，最后走的那一个是最为悲伤的，因为没有人送他，他只好一个人上路。没有人愿意做那最后一个，但总有人得面对。张学良就很伤心地说过：兄弟们都走了，我很孤单——我想他应该说的是真心话。《最后的夏天》里也有同样的话，那个在游轮上工作一辈子的老头，无妻无子，却最后一个死掉，他是最伤心的一个。

我们想明白了生与死这回事，就会变得豁达大度。假如能死在讲台上，死在书房里，或者死在麻将桌上，那将是很惬意的一种死法。

死亡就是回归，回归到大自然的怀抱，那个美好的世界，安宁的世界，平等的世界。大地母亲厚德载物，会永远接纳我们，所以我们干嘛要害怕死亡、害怕回到大自然的怀抱呢？我们来自那里，走一圈后回到那里，干嘛要恐惧呢？

活着觉得辛苦，死了又不甘心，这是人类最大的悖论。

这其中隐藏的，其实就是没想明白生与死这回事。

生命孤独：放弃和逃跑的正反馈

你孤独吗？答案往往是肯定的。你或许有很多朋友，但没有人能知道你在想什么，也没有人在乎你的想法，你是孤独的存在。

然而，你对孤独究竟知道多少？对孤独的无知和偏见，或是我们倍感孤独的原因之一，因此当孤独缠上我们时，我们往往手足无措，陷入无尽的沮丧和落寞。

孤独是什么？一个人来到这世界上，你知道你是独立的存在，这是一个不可能改变的事实，不管你拥有多少财富和地位，也不管你有多少学问。每当喝了几杯酒，夜深人静的时候，独自一人坐在自己的书房里，那种强烈的孤独感就会扑面而来。

几年前，一个春天的下午，我和一个朋友谈论到孤独这个话题，这位朋友早已入了佛门，他说，孤独是每个人在这世界上都要付出的代价。当我们继续这个话题时，我发现这个话题根本无法深入探讨，因此我们聊得不甚开心，出于对彼此的尊重，也就绕开了。

孤独是一个人的事情，哪怕跟别的人触及这个话题，也会显得十分唐突，内心深处会感到强烈不安，一如每个人灵魂上的那个隐秘的伤疤，一不小心被人触碰，就会隐隐作痛。

也许孤独只是一种情绪，当你独自面对这个世界扑面而来的太多太多的问题时，不仅别的人，神也不可能给你任何提示让你走出漫天漫地的困惑。就算你拉着另一个人的手，诚恳地对他说，给我点爱吧，我很孤独——他/她也无法帮助你走出那种灵魂深处的无助感，因为没有人能理解他人的孤独，在他人眼中，你只不过是有些自怜罢了。

因此，在大多数人看来，对他人讲述孤独，不但是很可笑很愚蠢的举动，而且也难以启齿。

孤独是孤独者独自品尝的一杯苦酒。当然，那也有可能是一杯充满诗意的佳酿。只有孤独者自己才知道孤独是怎么一回事。许多年前，有一次和很多朋友聚会，吃饭、喝酒、唱歌，看上去很热闹、很欢乐，每个人脸上都洋溢着幸福的微笑。然而，在这欢乐的洪流中，在这及时行乐的喧嚣声中，我突然觉得自己很孤独，觉得这闹哄哄的场景，这一张张因为酒精或其他什么事情刺激而放着光彩的脸，这分贝大到足以让人脑袋爆炸的音乐，都跟我没有任何关系，那种泡沫状的陌生感一下子攫住了我的身体和我的灵魂。我感觉自己孤独地漂浮在这令人窒息的泡沫状的陌生之上，想要大声吼叫却又感到被什么卡住了喉咙。最后我只能沉默地坐在那里，孤独地忍受这陌生的喧嚣，机械地跟人捧杯喝酒，假装很理解地对每一个讲话的人点头……我不喜欢这种情绪，但这种情绪却紧紧抓着我，我无法驾驭，也无法逃遁，任凭它一点点吞噬我。

我是因为没有信仰才会遭遇这强烈的孤独吗？不是！

是因为没有朋友吗？不是！

是因为没有爱吗？也不是！

我有自己的信仰，我有热烈相爱的亲人，有众多心心相印的朋友。可以说，信仰的温暖，亲人之爱，朋友之情，无时无刻不在滋润着我。然而，我还是感到异常孤独——一种似乎与生俱来的孤独，深刻而无助，你感觉它就在你的骨髓里。

有一次，我参加了南极考察活动，在这远离尘世喧嚣的荒野之境，我向同行的朋友说，我原来知道自己是一个经济动物，后来知道自己是个社会动物，再后来才知道，自己其实就是个孤独的动物。我的这一番话，在这冰天雪地的南极上说出来，听的人觉得不可思议——是的，没人能理解别人的孤独，只有你自己知道，自己是孤独的。

单纯从字面上看，孤独是一种负面的情绪，负面的感受，但是我安慰自己，孤独也许是一种有益的品质。在这个世界上，你只有靠自己去理解这个世界，靠自己去生活，给自己一个活法，并好好活下去。你会好好活下去吗？你必须给自己一个答案。所有外在的世界不会给你答案，所有的别人的人生经历也不会给你答案，所有的历史的先贤不会给你答案，你需要给自己一个答案。这很难，但你得给自己一个答案，不然你就绕不过这道坎：你的人生会被卡在那里。

你明白了孤独是永恒的,你就必须面对它,并在孤独中获得人性的升华,从孤独的绝望中重新焕发出生命的光彩。如果你能做到这一点,那么,孤独是有益的,它能让你拂去那些漂浮的彩色泡沫,那些似是而非的假象,理性地触及世界的真相,并深刻理解何为"置之死地而后生"。

在孤独中,你得告诉自己为什么而活着,为谁而战斗,你想要什么,哪里是你的去处,你怎么跟自己相处,你所有的付出值不值得,你所有的爱恨情仇都是为什么。你得给自己一个答案,一个确定的答案。你得是你自己人生的编剧,强有力地掌控自己人生戏剧的走向和结局。在孤独中,你要告诉自己,我就是这样一个人,所有的苦难都不能改变,我就是这样的存在。

在孤独中,你也许感受到自己有很多委屈,这个世界对你有很多不公平,你会认为你的选择是不值的,你也不相信有什么神灵会给你安慰和启示,但是不管怎样,你能确定自己就是一个实实在在的孤独的存在,自己就在这里,顶天立地——从灵魂深处确定自己,你就能骄傲地活下去,并获得生命的喜悦。

然而,"确定"却是现代人最不容易得到的东西。在高速前进的现代化浪潮中,你很难感受到什么是确定的,因为整个外部世界都是在不确定的道路上奔驰。我们甚至都不确定这昼夜奔驰的庞然大物究竟要走向何方,似乎奔驰本身就是它的目的。作为这列列车上无可选择的单程乘客,你当然无法获得任何的确定感,你甚至都不确定这一切是不是一个虚幻的梦境。因此可以说,虽然没有人能真正理解他人的孤独。但事实上,孤独根植于每个人的灵魂,无人可以逃脱,只不过有的人说出来了,上帝呀,我很孤独!仅此而已。因此也可以说,在这样一个什么都无法确定的世界上,唯一可以确定的,就是孤独,你,我,他,无人幸免。

如此说来,能否经受住孤独的煎熬,或许是现代人能否走向幸福彼岸的重大考题。如果你不是一个坚定的人,如果你经不起岁月的风霜雪月,或者说你经不起孤独,你便会放弃对生命的热爱,最后变成一具失去灵魂的躯壳。坚守是困难的,放弃却轻而易举。放弃了,你就只能在这个世界上漂泊,不再有灵魂,也不再有什么美好,醉生梦死,随遇而安。虽然在夜深人静重回孤独的时候,你会看不起自己,但你已无能为力,只能更深地陷入绝望的泥潭,直至毁灭。

我们每个人都会经历这样的黑暗时光,在那令人窒息的时刻,你不知道自己为什么活着,不知道生命的意义。万分痛苦之下,你可能选择不去想它,天天去喝酒,去打牌,去卡拉OK,去当你的官,去做很大的生意。可是在某一天某个时刻,或者是你生命的最后时刻,你面对自己的时候,你孤独的时候,你就绕不过那道坎了。你会想着你曾经的青春和爱情,你的激情岁月,你所有的过往。只有在这一刻,真正严肃地面对一个人的孤独时,你才会豁然开朗,这失败而痛苦的一生,只不过是在匆忙逃避那无可逃避的孤独,而不是勇敢地去面对孤独,从而失去了获得生命真相的机会。

生命的真相就是你得给生命一个定义,赋予你自己生命实实在在的价值，一个确定的意义，一个证明你来过的经久存在的印记。你得知道自己是谁，从哪里来，到哪里去。

生命只有两种形态：逃避，或者面对。如果你真有勇气面对自己，你必须有所选择，放弃哪些东西，坚守哪些东西，你不可能什么都想要，那样你会什么都得不到。取舍是人生的课题，进退是人生的课题，你不是没有选择，如果你不选择，那也是一种选择，那就是放弃自己。这样的人生大考，往往是孤独无助的，所以你第一件要做的事情，就是确信自己是孤独的存在，唯有勇敢地面对孤独，才能挑起生命的重担，找到生命的意义。

所以，我要说，孤独真的是一种有益的品质。孤独是逃跑的正向反馈，你越是逃跑，孤独越是如影随形。选择阳光和战斗，或能对抗孤独对人生的宰制。

生命是一条奔腾的河流。世界上最伟大的人物，都会在生命的某个时刻被命运的大手给卡住。在那个黑暗的时刻，他们感受到强烈的孤独、无助。在这生死攸关的时刻，如果他们选择光明，他们便走向光明，如果他们卡在那里，他们便选择了黑暗。历史告诉我们，当前行的脚步被命运的绳索羁绊时，有太多的伟人选择了自杀来结束自己的生命，其实他们可以好好的活着，只是他们没能从黑暗中走出来，他们不知道要去哪里，他们累了，最终被孤独打败。孤独的反馈强化了逃跑的噪音，遮蔽了世间美妙的音乐，于是他们给原本辉煌的人生画上了一个悲惨的句号。

孤独开启了某个时间窗口，一个自己面对自己的时刻，这个时刻什么时候到来，只有自己知道。你可能真的没办法从别人那里得到答案，你是你自己的问题，你是你自己的责任，没有谁会对你负责。你唯一能做的，就是去面对它，而不是逃避，你得有这个勇气，你得给自己一个答案，你得确定的相信一些真理，并一生按照这些真理去生活。你要明白，在这个世界上哪些东西是你可以控制的，而哪些东西是你无法控制的。上帝的归上帝，凯撒的归凯撒。

我们或许无力改变这个世界，但我们可以拥抱这个世界。

直面孤独才能认识孤独，并把孤独化为前行的动力。

喜悦或虚无：自我实现的路径分歧

人的一生，总有些命题回避不了。在《第二座山》的作者戴维·布鲁克斯看来，人生往往要翻越两座大山，第一座山是关于自我的，包括上好学校，或者当成功的企业家、官员、科学家，总之，希望自己越来越成功，越来越厉害，要实现自我，获得幸福。第二座山却是关于别人的，是关于"失去自我"，你的人生是为了别人，或者是为了某个使命，为了别人的幸福或者为了某个使命，而宁可失去自我。

第一座山，也就是关于自我的这座山的攀爬，是没有尽头的，你好像被什么力量推动着，无法停下来，身不由己地一直往前奔走，直到生命终结的那一刻。具体的表现就是，你只是喜欢"成功人士"喜欢的东西，这个东西是不是你自己内心深处想要的，似乎已经不重要。你之所以要拼命去得到它，仅仅因为它是别的所谓成功人士追求的目标。别人认为很重要，别人要，因此你也必须要得到，不然自己就不会有成功的快感。在如此兴味索然的痛苦攀爬中，即使天天进步，你也会有深深的不安全感，因为你所有的努力里面缺少一个东西，那就是自我。你这看上去很自我的追求，其实恰恰迷失了自我，因为在灵魂深处，你并不真正需要成功人士喜欢的这个东西，你不过是被现实的洪流裹挟而已。

在这个人人讲求所谓自我实现的年代，"我"所拥有的似乎永远不够，你会被这种无休止的，甚至是越来越严重的"不够"的感觉所裹挟，变得越来越累，直到你醒悟的那一天，才发现这拼尽全力的攀爬，这所谓的自我实现，其实不过是参与了一场身不由己的竞赛。在这场疲惫不堪的竞赛中，你的身体在这里，你的灵魂却在别处。这样的攀爬有意义吗？我不知道。我只知道它会很累，并会产生很严重的虚无感。因为你最终发现自己所努力的，不过是要获得别人的认同，你从来都没问过自己，这真的是你的兴趣所在吗？你是否真的听从了心灵的召唤？如果你果真服从了你真正的自我，全力追求自我，也就是发自你内心的热爱，那么，你的追求就会有强烈的幸福感，是一个真正幸福的人。

人生要翻越的第二座山，讲责任、承诺和亲密关系，讲互相信赖，讲忘掉自我，讲奉献。第二座山讲的不是以自我为中心，而是以别的东西为核心。布鲁克斯讲的第一座山追求的是幸福，第二座山得到的是喜悦。喜悦是亲密的感情，是精神上的河道，是超越自我的感觉，是一种与万物融为一体的体验，是一种道德。

遗憾的是，很多人往往终其一生都在为别人的认同而不辞劳苦地翻山越岭，直到累死在这不明不白的人生途中，也没能进入第二座山。攀爬第二座人生之峰的人，往往是出于生命的自觉，或者是在经历人生低谷之后，譬如失败、住院、进监狱、陪同亲人的尸骨进入火葬场等极端情景之后，忽然明白以前的所谓努力是多么的卑微可笑，于是给自己提出一个誓约，一份承诺，一份要用生命去捍卫的承诺，譬如从此要善待弱者，要对抗强暴，要为手无寸铁的人战斗，要对所爱至死不渝，等等。这种心灵的顿悟，这种要为他人的福利而奋斗的自觉，你可以认为是人性的一种升华，也可以认为是人生策略的调整，但有一点是最重要的，那就是这种升华或转变，是基于灵魂深处的声音，它是生命的自觉向往。在这里，别人的认同与否已经不再重要，表面看你从此要为别人而活着，实际上，你才是真的为自我而活着，你终于倾听到了自己内心的声音。

心的最高追求是爱，是自己与他人或者与一项事业的融合。灵魂的要求是做正直的事，誓约就来自这里。誓约是不求回报的许诺，即使誓约可能会带给你痛苦，但誓约会给我们身份的认同，让我们生活连贯和自给。誓约给了我们目标感，誓约让我们得到更高级的自由。不做什么的自由是低级的自由，做什么的自由是高级的自由。誓约还能让我们建立品格。在这里，你才真正获得了人生的使命感，生命之光终于照射到了灵魂深处的那个蒙尘已久的自我。

使命是一项等着你去做的事业，这个事业是长期的工作，你可能要投入一生的力量去完成它，并跟它立一个厮守一生的誓约。使命是不能选择的，使命是心灵的召唤，布鲁克斯说"美"的希腊语"kalon"这个词原本与召唤有关。这个东西实在太美了，你感觉到它在召唤你，告诉你这就是你要走的路，喜悦感顿时充盈你的全身，热泪模糊了你的双眼。当你含着热泪去从事一项事业时，你就获得了使命感。热泪是从灵魂深处漫涌出来的，当你拥有了一副热心肠时，你才会有热泪盈眶的感动。现实生活中有太多虚假的眼泪，那种应景的感动与灵魂无关。当然，应景流泪的人绝不会认为他正在从事一项神圣的使命，那不过是一场机会主义的哭泣。

在翻越人生的第二座山的过程中，因为你目标明确，满怀热情，你就会毫不犹豫地去反复打磨自己，即使这种自觉的打磨会带来剧烈的疼痛，你也不会退缩，因为远处的光在召唤你，你知道必须卸掉身上那些锈迹斑斑的负担，必须以轻盈的重生之躯奔向你的目标之地。在这个过程中，你是喜悦的，并豪情万丈，因为你终于明白，你这是在为自己活着，为自己奔走。你要获得一个真正的幸福人生，并赋予你的生命以明确的意义。

其实婚姻也是一种使命的召唤。当你准备走进婚姻殿堂时，你必须反躬自问，自己的内心深处是不是觉得必须结婚了，换句话说，这个婚姻是基于内心的强烈渴望吗？是充满了激动人心的期待吗？如果是为了结婚而结婚，或者为了某种利益而结婚，你的婚姻就不大可能有激情，即使能过一辈子，也是失败的婚姻，是屈服于现实需要的交易。这样的婚姻会有幸福吗？会有使命感吗？在彼此牵手的那一刻，你会流下真诚的热泪吗？不会！那么你的婚姻就是徒有形式的游戏。

真正基于感情渴望的婚姻，会充满浪漫的激情，会互相崇拜，并有强烈的无私之爱。具有使命感的婚姻，是个人主义的严重危机，因为你所有的缺点都暴露在对方的火力之下，然而那个真正爱你的人，会善待你的这些缺点，因为他/她也爱你。同时，你也愿意为了这份感情而改变自己，完善自己的人生。好的婚姻是对人生的再教育，两个人都主动失去一部分自我，让位给婚姻关系，这就是美满婚姻的秘密。失败的婚姻不但缺乏心灵的激情，还各自拼命树立自我的高墙，直到再也看不见对方。

因此，可以说，人生在爬上第二座山的过程中，一边失去了自我，一边却找到了自我，这样的人生，是幸福的。

这里的自我，往往会被普遍误解，以为去追求被他人认同的价值就是在实现自我，比如可观的财富、令人羡慕的红地毯，或者各种各样炫目的学位、官位等。这是非常悲伤的误解，因为这种自我，跟真正的自我没有多大关系，你所作的一切努力，只不过是在证明我行，是冲着他人的掌声、他人的羡慕而去，并非出自你内心深处的召唤。这就是为什么有那么多的所谓成功人士在暴富之后，或者在获得了梦寐以求的荣耀之后，却顿感人生无聊，醉生梦死，甚至干出种种伤天害理的勾当。这种所谓的追求自我，从一开始就失去了自我，是在为别人而活着，不管他最后是否成功，都是一场悲剧。

真正的自我，是你生命的渴望、灵魂的呐喊、人性的骄傲。

真正的成功，也是你自己一个人的事情，他人的掌声和鲜花，不过是短暂的幻影，甚至有可能是你灾难的开始。

这样的例子，不用我来列举吧。

生命意义：不可或缺的信仰挂钩

我到过许多国家，参观过上百个著名的宗教场所，了解过一些宗教的历史和基本情况，然而，我对宗教的认识还只停留在所谓理性的观察者角度，我与宗教保持着足够的距离。这种疏离感虽然能让我对宗教有一个貌似不动声色的判断，却没法让我走入宗教文化的内核，无法体验宗教的温暖与神圣。因此我要承认，我对各种宗教的认识，是一定有着不同程度的偏见的，这是理性思维带给我的极大困扰。

这种尴尬，如同读史书一样，我们知道了很多冰冷冷的历史材料，却没能跟活生生的历史建立起实实在在的联系。我们掌握的是一堆死的材料，理解的是高度抽象的所谓意义，却感受不到深沉的生命激情。

李林（《宗教学10讲》作者）认为，人是意义的动物，而宗教生产的就是意义。然而，问题来了，人类为什么要追求意义呢？人类为什么会选择宗教来制造意义？宗教学是这么认为的。首先它处理一个至关重要的问题：死亡。死亡是人类无法回避的最终极的生存危机,也是人人都无法回避的最大的精神困扰,因此死亡的无法回避就成为虚无主义的温床。然而人类需要一种强大的精神活动来让自己保持生命的热情,保持生命的自信,缺失了这样的精神活动,人类社会就会因意义的崩溃而崩溃。

简单说,人类对意义的追求是一种深刻的生存需要和策略,生命意义是人类对抗死亡困扰的法宝,宗教正是在这样的背景下产生的。与其说宗教和神是一种确实的存在,还不如说是人类深刻的心理需要。宗教不但让人感到这个世界是可以理解的,从而获得一种安全感,还让人类成为一个个紧密合作的团体。宗教帮助人类克服有限,解释世界,促进人类合作。

然而,为什么是宗教,而不是其他?人类对宗教的应用是顺理成章还是一个意外?如果人不是上帝创造的,正如人的基因不是自然界刻意选择的,那么宗教出现在人类生活中,就可能是个意外。

人类文明离开宗教可能什么都不是:我们的心灵需要一盏明灯,以照亮灵魂深处无边的黑暗,感知活着的意义。这并不是说宗教不可取代,事实上,从尼采讲的"上帝"死了以后,人类就在不断发现新的替代品,譬如各种各样的主义。民族、国家本质上也具有宗教的意义,自由、平等、人权等抽象概念又何尝不具有宗教的意味呢?然而,几百年来,没有一种替代品从真正意义上取代了宗教,人类社会反而为这些替代品付出了巨大的代价。宗教依然矗立在人们的心中。

没有信仰,生活就失去意义,人类就会失去方向。意义是宗教存在的理由，意义也通过宗教的形式被赋予在每一个信仰者的生命之上，让生命焕发出绚丽的光彩。如果意义缺失，生命就会出现严重危机，譬如抑郁症患者。因为信仰崩溃，活着的意义也就丢失了，结果他们变得生不如死，甚至要以结束自己生命的方式来求得解脱。从这个极端例子我们可以看出，意义对于生命的重大作用，也就理解为何人类要紧紧依偎在宗教的周围：宗教赋予生命以意义。

中国传统社会聚合了儒、释、道三种宗教的力量，这三种宗教你中有我，我中有你，互相影响，共同建构起中国人的精神世界，不但让中华民族对生命意义有着独特的理解，还培育了中华文化巨大的包容性。这一现象，在其他文化里并不多见。中华文明傲立而不倒，跟这种生存力极其强大的民族精神有着特殊的关系。

中国传统社会对宗教的理解，大都具有浓郁的世俗情怀，譬如道教的神仙大都是凡人修炼而成，神仙也可以跟凡人结婚。因此，从中国人的角度去理解其他宗教信仰，可能会产生偏差，其他宗教信仰对中国社会的精神形态也容易误读。自然环境和制度造成的几千年的封闭，使中国人形成相对独立的精神世界，与外界产生了很大的差异。虽然现代社会的广泛交流正在弥合这些差异，但文化基因的改造往往不是一时半会儿就能完成的，文化差异造成的精神世界的隔膜感还会存在相当长的时间。宗教给世界上各个族群赋予了积极的生命意义，却也因为各自文化对生命意义的不同理解而把人类分割成了大大小小的集团，甚至变得彼此不能和平相处——"非我族类，其心必异"，这就是宗教带给人类的消极副产物。

现代科学的实证性从很大程度上消除了宗教的神秘色彩，绝大部分人已经不再相信有非物质的神的存在，更愿意相信神不过是人类自说自话的产物。所以人类到了现代，整体上就进入一个世俗社会，宗教对于人类的影响也就大大地降低。然而，科学的致命短板正是宗教存在的必然性，因为科学只能解决日常生活的实际问题，却无法赋予生命以意义。科学能给我们美味的面包，却不能给予我们快乐和幸福感。科学尤其无法让我们明白人何以要活着，活着应该干什么。如此一来，只有科学而没有宗教的人类，本质上就真的成了吃喝玩乐的两足感官动物。

然而，当人类因为意义的缺失而痛苦发狂时，新的宗教就诞生了：享乐主义、物质主义、拜金主义等——人类须臾离不开宗教的心理支撑。不过，这些饮鸩止渴般的信仰由于缺少深沉的心理体验，无不是昙花一现。人们最终明白，及时行乐的主义并不是真正的宗教，顶多算是病急时的廉价止痛药。

因此我要说，只有科学而没有信仰的社会，是难以为继的精神沙漠。科学关乎事实，信仰关乎意义，这原是不相干的两种事物，一个解决人类的世俗问题，另一个抚慰人类迷茫而痛苦的心灵，放大其中任何一个而压制另一个，均非明智之举。没有了意义，你要科学干吗呢？

只要人类不灭亡，宗教就不会消失，它会以自己的方式和形态与人类共存。人类探索宇宙奥秘、飞向火星、登陆月球，其原初的动力不是向往远方,而是知道这样做是有意义的。"有意义"三个字才是人类长存的密码。意义只存在于宗教之中,不管是佛教、基督教、犹太教,或者其他任何宗教,它们的职责就是告诉人类:看,活着多美好!

1943年,神学家朋霍费尔被纳粹关进集中营,囚禁的生活和死亡的威胁并没能让他屈服,他在信中说,承受苦难的人比平常人更了解信仰的真谛。在这位神学家看来,承受苦难同样是培养和表达自身信仰的一种方式,因为耶稣就是曾经为了全人类而受难的。他的表达,正是关于信仰和生命意义的。

抗日战争时期,无数中国将士抱着"杀身成仁"的决心走向战场——如果没有强大的生命意义作支撑,谁会选择死亡?

信仰能让人类找回生命的意义,人类长存的内核就是"有意义"。我们甘愿为家人、为我们的国家献出自己的生命,其巨大动力不是科学技术,而是我们基于信仰的自觉选择。唯其如此,我们才能感受到喜悦和幸福。

执念：困住生命的铁笼

又是一个20年了，还有好些事没去做，其中一些事情是必须要完成的，否则到时候跟自己没法交代。

人生是一个自己为自己设定的美丽故事，在故事的结尾，我们可以是悲怆，也可以是完美，可以是一个人流浪在天地间，也可以死在亲人的怀里。我们可以自认为很伟大，也可以自认为很佛性，这都是你的选择，都是自己给自己的答案。人生跟真相无关，不过是你给自己的一个合理的设定，因此你要时时追问自己的内心：这样的人生，是我想要的吗？我喜欢这样的人生吗？在这样的一生中，我究竟是痛苦的，还是充满了喜悦？这些都是至关重要的问题，你要给自己一个明确的答案，不然，即使你获得了人们眼中的巨大成功，你的人生还是迷茫，紧张而痛苦。

人要活得像一条清晰的小溪，活得喜悦，这并不是一件容易的事。你要学会一次次跟现实冲突（这是任何人都无法避免的，就算你隐居，大自然一样会找你麻烦），然后一次次和解。生活在这个拥挤的地球上，你会发现这并不是一个理想的世界，然后你也会发现，其实它也没有人们传说中的那样糟糕。美丽还是丑恶，喜欢还是厌恶，其实不过是你心境的投射。这个世界，它其实一直就是那个样子，它自己原本的样子，并不会为了你的高兴还是悲伤而改变一丝半点。鲜花应时而开，暴风雨不约而至。它永远不会为你而改变，能改变的就是你自己对这个世界的观感，你好它也好，你不好它也不好。如此简单。

在这个不好也不坏的世界上，你能做的就是选择，选择逃跑，或者选择战斗。你的人生并不是一个可以设定的剧本，你以为自己知道结局，其实没人知道自己的结局，如果秦始皇知道自己的结局，他或许就不会死在荒郊野外，如果项羽知道自己的结局，他或许也不会在乌江自刎。大人物尚且无法掌控自己的终点，你又何必那么在意呢？

但是选择行动还是逃跑，这是可以做到的。你可以设定一个短期的或者长期的目标，然后坚定不移地往那里走去，至于能不能走到那个地方，已经不重要了。生命是一个过程，等在终点的就是死亡，这是永恒不变的剧情，谁都没有例外。

生命的意义是千古疑问，多少厉害的人物遥望深邃的夜空苦苦追问而不得要领，如果你也一定要追问，那么，答案就在这里：生命本无意义，你能做的就是赋予生命以意义，那就是行动，朝着一个既定的目标前进。否则，就算问破苍天，你也找不到生命有何意义。如果把生命比喻成一块白布，你就应当做一个画家，在这片一无所有的白布上恣意描画出欣喜的图画，然后对自己、对周围的人说，看，这是我的作品，多美！

这个时候，你就会发现，你的人生充满了喜悦，激情飞扬。

结果不重要，在乎结果只说明你在权衡，你是在跟自己做交易，是一个人生的机会主义者，这样的人生，哪有什么快乐可言。

金钱、房子、地位等，这些所谓身外之物，是我们所需要的，我们不应当视其为洪水猛兽，但它们不是最重要的。如果你的人生停留在这些东西之上，你就成了它们的奴隶，表面上看你获得了这些身外之物，是成功者，是令人羡慕的胜利者，实际上你是失败者，因为你成了金钱、房子、地位等的俘虏，你从此要躲在这砖块砌成的牢笼里，日夜抱着你的金钱，胆战心惊地防止被人抢走。身外之物控制了你而不是你控制了它们。然后你会发现，这些东西拥有得越多，你的贪婪就变得越厉害，直到最后你的"胃"被贪婪撑爆，你才明白原来自己不过是个身外之物的牺牲品。你得到了一切，最后你却为之失去了一切，包括你的生命。这样的人生，其实就是一出令人叹息的悲剧。这样的悲剧，昨天有很多，今天有很多，明天还会有很多。悲剧的创造者正是我们自己。一旦你把对身外之物的追求当作了人生目标，你就变成了一个机器，孤单，固执，失去灵魂，狂暴，不可理喻。你最终会失去你自己，你也就不会再去爱自己，成为一个穿金带银的孤独的可怜虫。

放下贪婪，就是跟自己和解，你需要身外之物，但并不需要那么多，所以跟自己和解是聪明之举。跟现实和解，其实是一种妥协，那些跟世界对抗到底的人，其实是放大了自我，以为自己真的能够战天斗地，以为自己真的就是宇宙的主人，可以为所欲为。其实哪里是这样，生命是再脆弱不过的存在，转瞬即逝，遑论伟大！以卑微的心态，存活于天地之间，恐怕才是最明智的活法，就算你把自我放大千万倍，那也不过是个幻影。个体太过渺小，在大尺度上连一粒灰尘也算不上。放下贪婪之心跟自己和解，放下狂妄之心跟自然和现实和解，以卑微之躯立于这茫茫人海，你才有可能获得内心的宁静，获得感恩和无尽的喜悦。

和解不是堕落，不是逃避，而是知道自己是谁，知道自己的分量，知道怎样以平和的心态应对人生中的一切，以平等的姿态对待自然，对待所有的人。跟自己和解，跟现实和解，你就不会有那么多的抱怨，不会再把自己当成受害者，才不会把自己的人生当成一场悲剧，从而获得一种喜悦的力量，去完成自己既定的生命之旅。

不要为下雨而悲伤，你要让阳光永远驻扎在你的心田上。在你设定的人生场景里，应当阳光灿烂，鸟语花香。你要明白，不管你的故事多么精彩，最终都会被遗忘，你能掌控的，就是你活着的这段时间。你要活出你想要的样子，即使岁月的洪流最后同样把你来过的痕迹冲刷得干干净净，但你是喜悦的，是满足的，这比什么都重要。

你是你自己的主人，你是你自己的编剧，为喜悦而活，给自己一个满意的活法，这样，你就达到了良好的境界。

喜悦是什么？喜悦就是你发现你是喜欢这个世界的。喜欢酒后的飘动感，喜欢掌声，喜欢一笔交易的完成，喜欢像个成功者一样去教育别人，喜欢到任何一种文明里去游荡，喜欢跟儿子在一起嬉戏，喜欢在乡间盖一所小房子……在喜悦的包围中，你会感恩上苍赐给你的一切，包括喜悦本身。

喜悦还来自自由，不仅是身体的自由，更多的是一个人的灵魂可以自在地游荡。可以像梭罗一样，到山野之地去探寻存在的意义，去观看蚂蚁之间的战争，去欣赏顽皮的松鼠，研究调皮捣蛋的潜鸟，或者像模像样地去种庄稼。

喜悦还在于，可以天天去给学生们讲课，去欣赏自己的表演。可以活在5000年的时空里欣赏人类的苦难和悲鸣，或者观看一台台政治家的演出。可以通过书本会一会各路思想大家，批判他们的某些错误。还可以不为稿费去写作，可以去恒河感受印度教的洗礼，去耶路撒冷看看犹太教的成人礼。

一旦你学会跟自己和解，学会跟现实和解，你就会获得喜悦。一碗米饭，一盘青菜，一杯白开水，这种朴素的日子也能让你感动。因为你不再活在别人的眼光里，你活在自己的内心。

以喜悦之心，就可以跟人好好说话，也许这个人什么身份都没有，也没什么学问，你也能切实地理解他们为五元钱较劲的快乐和悲伤。你可以和小青年聊天，听听他们的爱情故事，为这个故事鼓掌或落泪。可以和农民聊天，听听他们今年的收成，或者听听某个达官贵人的沉浮，感受另一类人的悲伤或欢喜。

以喜悦之心，你还可以作自己的朋友，可以把自己狠狠教育一顿，也可以安慰安慰自己的灵魂。可以一个人去钓鱼，在山野的湖边，支好钓鱼竿，然后躺在软软的草地上，被温暖的阳光包围着呼呼入睡。

　　以喜悦之心，你还可以像看电影一样去回味童年，回味过往的朋友和恋人，或者怀念离世的亲人。

　　内心重获喜悦，你就会发现自己翻越了人生的高山，来到野花满地的春天，你就能听到生命的美妙律动。

成功：一种小格局的执着

对于人类来说，没有什么执念比追求成功更为厉害的了。可以说，追求成功是地球人的共识，大到一个国家的成功，小到一个人的成功，成功的执念真是控制了每一个人的生命，甚至到了为了成功而成功的地步。然而，在我看来，追求成功一旦成为执念，它就成了十分严重的认知偏见。

在大多数人眼里，成功和失败既是基于个人层面的体会，更是外界认同的考量，执念和偏见就是这样产生的：个人需要与外界认同。

其实，成功是一种结果，失败也是一种结果，平庸才是生活的常态。成功的反义词不是失败，而是平庸；失败的反义词不是成功，也是平庸。在成功和失败之间，广大的灰色地带就是平庸。更多的人并没有成功的感觉，也没有失败的感觉，而是平庸。平庸地活着，无所谓成功，也无所谓失败，浑浑噩噩，得过且过，这应该是大多数人的人生写照。

我们小时候经常听说的一句话是：失败是成功之母。长大以后又听到各种说法：失败是失败之母、成功是失败之母、成功是成功之母。这些文字游戏，其实是以偏概全的描述。

有一种说法叫作长线思维，你如果坚信未来，就得忍受短时间的失败，在企业叫作战略性亏损。在那些自信的企业家身上有很多这样的例子，如果你坚持不下去了，也许你就把企业卖掉（如果运气好的话），或者关掉。在很多人眼里长线思维是一种优秀的品质，但事实上就算你经受住了接连不断的打击，也不能保证你一定会成功。成功只是一个概率事件，追求成功本质上跟赌博没啥区别，赌输了的人往往会自我安慰，曰：失败是成功之母。意思是我这次赌输了，下次就可能要赢了，因为大家都说失败是成功之母嘛，没有一直输下去的道理。其实人人都知道，这种思想本质上是自欺欺人。

失败是成功之母，其实还有其他的含义。从正能量的角度讲，那就是敢于直面失败，从失败中学习，吸取失败的教训。创业也好，工作也好，其实就是一个迭代的过程，有问题才需要人去解决。解决者是被问题浇灌出来的，因为在正常的情况下你没有理由改进。正常也就意味着停止，正常意味着危险。人是复杂网络系统中的人，人类的关系是互相纠缠的，人做事也是复杂网络中的事，你要成功就得敢于打破原来的网络关系和技术关系，只有不断迭代原来的技术和关系逻辑，加上你的好运气，你才有可能成功。失败之后有可能成功，只不过第一你要有不服输的精神，第二要在失败之后不断调整策略和战术，要以在刀尖上跳舞的谨慎去做大量有益的工作，即使这样，也不一定能成功。但不这样做，你失败了就真的失败了，除非运气爆棚而咸鱼翻身。但是运气这东西很显然是靠不住的，你根本不知道它在哪里，会不会在你最需要的时候悄悄来敲门。因此，还是不要一天到晚祈祷幸运之神，好好工作才是王道。

失败是失败之母，在心理学上有个专用词叫作"习得性无助"，就是你做一次两次失败，以后做三次四次还是失败。这里面有两层含义：一层含义是心理上的，人是怕被打击的，人都有被社会认可的需要，每多一次失败，你的内心世界都多一分恐惧，你背负着恐惧这个奇形怪状的家伙去做事，失败的概率就会大大增加，因为在你的心理上一直认定自己是一个失败者。你要自我鼓励，要放下自我否定，而不是像个泄气的皮球去向命运之神挑战。一个泄气的皮球，它怎么可以去向别人发起挑战呢？你得把自己这个皮球的气打足，然后一蹦老高，这才有成功的可能。最近商界经常讲的逆商，就是提高抗压的能力，也就是给自己打足气的意思。

"习得性无助"的另一层含义是"路径依赖"。由于知识的局限、认知的偏差以及资源的缺失，使人们很容易用同一种思路解决所有的问题，这样就会掉进自己的陷阱里，第二次还会掉进同样的陷阱，直到回归平庸。

"哀莫大于心死"，放弃人生的奋斗目标，彻底放弃了，真的就成了"失败是失败之母"。当然，失败也没啥了不起，平庸也无所谓，在人类网络系统中，个人的力量其实是微不足道的。在体制面前，在强大的传统力量面前，个人的失败是很正常的事情。面对所谓失败，认命不失为一种最优的选择，因为不认命又如何呢？因为失败而付出生命的代价，就更不值得了。这虽然有点阿Q先生的意思，但平庸地活着，也许将来有一天你突然运气爆棚，或者你突然得到了成功的钥匙，要大干一票，竟然成功了呢！这样的例子在历史上也是很多的。但是你失败后，不甘于平庸的折磨，要选择自我了断，那你就不但没有了翻梢的机会，而且真的成了永远的失败者。所以，阿Q精神虽然是国民性的污点，但也并非一无是处，至少它可以被看作是人生战略性撤退的明智之举。中华民族坚韧不拔，历数千年而屹立东方，跟这被污名化的阿Q精神应该有一些关系。

关于成功是失败之母，具体讲的是那些少年得志的人，或者有的人在一次成功之后（比如守株待兔），以为成功的法则是不变的。事实证明，在过去40多年里，无数意气风发的成功人士最终也不过是滚滚长江的浪花。无论是当初中央电视台的标王，还是中小地产商、煤老板，彼时的人生那真是何等的畅快淋漓，感觉除开上帝就是老子最牛。然而，这些家伙最后大都不知所终，他们至死都不明白问题出在哪里。在局外人冷眼看来，这些人的成功不过是有胆量、运气好，事实上，他们的德行和智慧是不配拥有这些财富的，上苍怎样给予的，也会怎样收回去。创业和守业是两回事，业余选手和专业选手面对的是不同的比赛。那些少年得志的英才则会输在一个"傲"字上面，成功最大的副作用是让人骄傲。人最大的毛病是把一次偶然的成功当成自己的本事，从而忘记谦卑之道，所以说，成功有时候真的是失败之母。

关于成功是成功之母，指的是那些从一次胜利到另一次胜利的人生赢家。胜利给予他们对自己的认可、社会的认可。自我认可可以增强自信，社会认可则能得到更多的社会资源。他们不是没遇到过问题，而是每次遇到问题的时候都会认真对待，把问题和困难在可控的范围内解决掉。瓦罗尔说，你需要关注那些侥幸的"差一点就失败"的成功，也就是near miss①。那些百年老店，那些历经人生风雨而不倒的优秀人物，才是一直面对困难并战胜困难的真正赢家。

从大尺度的历史观来看，成功或失败其实是相对的，甚至有可能是颠倒黑白的，成功有可能被视为失败，失败有可能被视为成功。比如孔子，在他所处的那个时代来评价他，可能是一个失败者，没有人会想到，几百年后他的思想体系却成为中华文明的正统，你说孔子是失败者还是成功者？所以成功和失败是相对的，就像尼采说的，评判的结论不过是角度的产物。在春秋时期的人们看来，孔子是失败者，在后世人眼中，孔子是天下第一的成功者。

古希腊的圣贤亚里士多德也是一样，如果他的著述不是从阿拉伯人的图书馆翻译回西欧，可能后人永远不会知道他的存在，如果这样，亚里士多德就不仅仅是一个失败者，连他是谁都不会有人知道，这样的失败才是真正的失败。但是他不但终于被人知道了，还被人世代传颂赞美，算是天字第一号的成功吧。

---

① near miss：本义为接近目标的炮弹或炸弹，引申为差一点儿就失败的事。

所以我们要说，成功和失败是相对的，甚至可以说，成功和失败都不重要，所谓成功和失败不过是人生路上的一片浮云，快乐地活着，追求成功，但不在乎成功，这才是大格局。

　　我们想明白了个体成功和失败的问题，就会把目光投向更为广阔的空间，就会思考比我们个体的成功或失败更为重大的问题，就会把个体融入族群，融入整个人类，从而让生命变得更为坚实和旷达。我们可以尝试思考，人类真的需要这么多科技吗？人类真的只有城市化一条道路吗？整个人类在征服什么？人类真的是一个成功的物种吗？这个世界诸多问题真的无解吗？人类的痛苦是上苍的力量还是系统的力量在作怪，抑或是我们自作自受？我们一方面在放任破坏地球，另一方面又想跑到火星上去，到那个又冷又什么都没有的星球上去建设"美好的家园"——是什么样的力量在推动人类走向一条疯狂的不归之路？

　　这些问题，似乎跟成功和失败没有多大关系，但是，真的去思考这些问题时，就会发现你的成功并没有那么重要，你的失败也并没有那么糟糕。

角色选择:悲伤还是大笑

有的人一生平凡而安静,有的人一生复杂而深刻,因此,人生观也就变得五花八门。但总的来说,人生观大致可以分为三类:第一类是虚无论,认为人生根本无法掌控;第二类是贝多芬类,认为人是可以"紧紧掐住命运喉管"的;第三类是介于前两类之间,我姑且称为"无所谓阶级"。

其实,在我看来,无论认为人生是虚无的,还是认为人生是完全可以掌控的,以及对人生的掌控与否无所谓的,都是偏见:消极的偏见或积极的偏见。人生当然是一场概率事件,本质上是无法预计无法掌控的,但是落实到实际的人生,却比这些偏见要复杂得多。

前几天读《季羡林谈人生》,有些感慨。季羡林90岁时说:"什么是人生?我不清楚,我看芸芸众生中,也没哪个人真清楚,我们的诞生是被动的。"他的一生大部分时间都专注于研究学问,也常常提醒后辈要讲"学术良心",也就是要严谨治学,守住学者的本分,因此他才说他不清楚什么是人生。当然,在我看来,这是学富五车、才高八斗的季先生的谦辞，是真正的大家风范。他知道，但他不说穿。

季先生是一个本分人，他对待人生就是一个彻底真实的态度。季先生是寒门子弟，也是个读书种子，上大学没有明确志向，稀里糊涂上了数学系。本来上学是为了挣钱养家，结果真挣钱的时候，母亲去世，他没能让母亲吃上白面，此乃终生遗憾之事。他还娶了比自己大4岁的媳妇（父母之命），这又是一件不可挽回的憾事。季先生的儿子讲："父亲和母亲的关系，等于一直分居到死。"言下之意，就是季先生的婚姻生活没有爱情的基础，就是纯粹的婚姻形式，虽说不能算是悲剧，当事人自己肯定高兴不起来。

季先生说，爱情是人生特定阶段的事，不值得花太多时间，更不能为此牺牲时间——这些话，说得大义凛然，其实表明他在情感和家庭生活上，有无法愈合的伤痛和遗憾。

当然，以季先生的志向，情感和家庭之痛，并非他人生的重点，偶有感慨而已。他是这么定义他的人生价值的："如果人生有意义，那就是对人类承前启后的责任感；如果人生有价值，那就是去完成自己这一代的任务。"在婚姻和家庭生活中没找到意义的他，从别处找到了更为重大的意义。因此可以说，季先生的人生不仅有意义，而且丰富多彩，值得钦佩。

季先生在57岁时，计划夜里翻墙出校门，到圆明园去吞安眠药自杀。这应该是在特殊时期，当人性之恶扑面而来时，他有点扛不住了，觉得自己明确的人生意义突然被外界全盘否定，人生似乎突然变得毫无意义了，因此他打算自我了断。当然，最终阴差阳错，他半途被捉住拉去开批斗会，也就放弃了自我了断的想法，并重新把人生的意义安放在自己的灵魂之上，继续自己未竟的意义人生。他说，我是倾向人性本恶的，我也知道坏人不会变化，但我原谅他们中的大部分人——这表明他终于回到了自己认为有意义的道路上来，并以高雅的姿态把那些令人不快的垃圾主动抛弃。

季羡林的人生有三原则：不锻炼、不挑食、不嘀咕。他在当校长时，被新生误认为是老校工，让他照看行李，他也微笑答应。他总结自己性格："骨头硬、心肠软；怀真情、讲真话。"这表明，他唯一坚守的就是他认为有意义的东西，其他一概云淡风轻，无所谓。

我想，季羡林的这种人生态度，会影响很多人，包括我自己。

每个人都是一部长篇小说，只是有的人的故事平凡些，有的人惊艳一些（比如季先生），有的被人们传颂，有的自生自灭。人生是从生到死的一个过程，这个过程或长或短，充满了太多的变数，真正"紧紧掐住命运喉管"的人，寥若晨星，大多数人不得不随波逐流，感叹命运无常。

中国人是非常讲辩证法的，"命运"一词，由先天决定的"命"和个人努力改变的"运"所组成。社会学家认为，家庭所处的社会阶层决定了你的"命"；心理学家认为，原生家庭决定了你的性格形成，而性格决定你的命运；教育家则认为知识能改变命运，孔子也讲有的人是生而知之，有的人是学而知之。这些各执一词的说法，都有无端粗暴的嫌疑。命运这东西，如果真的有个标准答案，真的可以像机器一样可以掌控的话，这个词也就没必要存在，人类也就不会再有无穷无尽各式各样的悲剧。

所以说，大部分人在折腾一番后都会感叹一句：也就这样子了，认命吧。这几千年来不绝于耳的悲叹，并不是单纯的人性堕落，而是顿悟后清醒地知道，人生和命运真的说不清道不明，就像季羡林老先生在90岁的感慨。譬如说，从大处看，你怎么会知道人类历史的某一个阶段会出现一个名叫希特勒的恶魔呢？你又怎么知道会出现一个名叫爱因斯坦的人看见了上帝的秘密，然后有了核武器，有了广岛数十万人瞬间被蒸发的惨剧？人类大历史的命运尚且无法预知，难以掌控，而况个人乎！

命运是一个概率问题，你无法选择生活在唐代、罗马帝国、晚清或民国，你也无法选择生活在一个王朝上升时期还是灭亡之时，这完全是一个概率事件，绝对不可能人为掌控。一个人如果出生在一个有意思的时代，那真的是幸运之极。我就很庆幸自己生活在一个大变革的时代，可以在年轻的时候去闯天下，去完成物质生活所需要的一切，可以自由思考人类的一些大事情，甚至可以思考一些无用的问题，譬如形而上的东西。这真是上苍的恩赐，让我能从概率事件中诞生到这个大时代中。

原生家庭也是个概率问题，你无法选择你的父母，你的父母也无法选择他们的父母。按照心理学家的说法，你是否自信，你是否有安全感和归属感，你是否幸福，都来源于原生家庭的关系纠缠。如果你生活在一个健康的家庭，优良的性格和力量会影响你的一生。出生在一个有问题的家庭，你就得用一生的时间去释放自己内心深处那些困扰你的东西，让自己从种种束缚中走出来，这样的人生，就会十分辛苦。

教育也是一个概率问题，现代教育把人当成工业产品来培养，但是每个人的基因不同，要求你所学的，有可能大都不是你擅长和喜欢的。有人讲人生三大不幸：读一个不喜欢的专业、找到一份不喜欢的工作、和一个不喜欢的伴侣生活一生。可能在受教育的早期，你也不知道自己到底喜欢什么、擅长什么，但这种寻找是要有机缘的，也许你一辈子都没找到，也许在你很年轻的时候就找到了，凑巧干上了自己喜欢的职业，那种幸福感是无法言喻的。然而更多的人为了生计，不得不放弃自己的兴趣，去干没有兴趣，甚至十分厌恶的职业，这样的人生，会有幸福感吗？我很怀疑。

关于兴趣与职业选择，如果你出生在贫寒的家庭，选择的权利就会更少，你就有可能不得不放弃自己的兴趣，去干自己不喜欢的工作，随波逐流，做一天和尚撞一天钟。你不喜欢这个职业，却又不得不向命运低头，当然就会成为撞钟的和尚。干不喜欢的工作，本质上是反人性的，是给人生制造悲剧，但这样的悲剧实在是太多了、太普遍了，普遍到没有人再认为这是悲剧。你每天早上、每天傍晚到地铁上去看看那些上班族，有的人神采奕奕、意气风发，有的人则是灰心丧气、筋疲力尽。我可以负责任地说,一个正在干他感兴趣的事情的人,脸上一定会放着迷人的光彩,犹如一个正在热恋中的人。

大部分人的生活,其实是充满了悲剧色彩的。倒不是遇上了什么悲剧,而是心中无法消除的悲剧感。季羡林老先生虽然感情生活不如意,但他所干的工作是他喜欢的,穷其一生沉醉其中,并且达到无人能及的成就(季先生是中国少数几个精通古吐火罗文和古梵语的学者),所以他虽然谦虚地说不知道什么是人生,但他的人生总的来说是充满幸福感的。

这里其实就出现一个问题,很多人的人生充满悲剧感,其实自己也有一份责任在里面,那就是没有选择跟命运抗争,没有在年轻的时候去为了理想的未来而全力付出。譬如说你想做一个老板,那你就应当去研究怎么做老板,并踏踏实实从零开始去刻苦实践,虽然最后你不一定能当上老板,但至少你有了做老板的充分准备,你的人生已经具备了某种幸福感。很多人只有美好的梦想,却不愿意为梦想去努力付出。付出是很辛苦的事,从一个业余选手到一个专业人士,需要无数个日日夜夜的努力,是一万小时专业训练的结果。一个乒乓球世界冠军,是挥洒成吨的汗水浇灌出来的!据调查,很多人老了以后,最后悔的事情就是年轻时没好好努力,无论是工作还是学习。所以从这个角度说,命运虽然无法彻底掌控,但好的命运还是有迹可循的。

幸福的人生除开努力之外,选择也是十分关键的,创业,还是去当公务员,是去一家互联网公司,还是进国企……这些都是你要作出的选择。选择得当，幸福人生就有了基础。选择不当，也许就开启了人生的悲剧之旅。

在人生路上，除开努力、选择之外，还有一个很重要的因素会影响人生，那就是能不能遇见引路的人，也就是俗话说的"贵人"。贵人可以是一个现实中的人，也可以是一个古人，甚至是一本书、一句话、一个来自你内心的某个坚定不移的信念。但不管是什么，他们都是你在大海中无助漂流时看见的那个灯塔，指引着你正确的人生方向。

影响一个人一生的，还有无法回避的现实。你在一次次努力后都无法成功，因而形成"习得性无助"，现实一次次打击你，毁灭你的力量，于是你最终放弃努力，悲剧感从此如影随形。大多数人变得平庸都是现实的原因。

其实，人生是喜剧也好，悲剧也罢，其挥之不去的悲剧感，或者充盈全身的喜悦感，从本质上说都是来源于自身，自己对待生活的态度，也就是价值观。如果觉得自己是悲惨的，那么眼睛里就不会再有阳光和花朵，即使看见了花朵，那花朵也一定是丑陋的。如果觉得自己幸福爆棚，那么，即使生活在一个恶劣的环境里，也一定能发现美好的事物。悲剧感或喜悦感都是自己的事情，命运是无法掌控的，但用喜悦的眼睛看世界还是用悲伤的眼睛看世界，却真的是自己的事情。人生态度决定了人生的色彩——光芒四射抑或悲苍阴郁。

历史上很多伟大的人都死在抱怨和遗憾中，能像季羡林老先生一样大度地过一生的，实在不是太多，这正是悲剧的核心。人生搭乘的是一列单程火车,火车的方向和沿途的风险都是你无法掌控的,但你如果用欣喜之眼,饱览那一路的风景,幸福感就会油然而生。

成长或防御：命运模型两种

角色是由拉丁语rotula派生出来的，到20世纪30年代，这个词才被用来谈论角色问题。在此之前，角色只是戏剧舞台用语，指演员在舞台上按照剧本规定所扮演的特定人物。后来人们发现现实和舞台之间是有内在联系的，舞台上的戏剧就是现实社会的缩影，从此"角色"一词就进入社会心理学的研究，并发展成为角色理论。

谈到角色，首先要先了解自我，在心理学家乔纳森·海特看来，本体有两个自我，一个是感性自我，一个是理性自我。人就像一头大象，其理智面就像个骑象人。感性自我有三个特点：力量大，受情感激发，受经验支配。比如要身体好就得管住嘴跨开脚多运动，但很少有人做到，因为大家要的是及时快乐，睡懒觉时温暖的被窝，打游戏的快乐，胡吃海喝的刺激。理性的好处是抽象的，感性的好处却是具体的。在它们的关系中，一般都会被感性的自我所控制，所以有时候责怪自己是没用的，理性的声音往往并不能改变感性的习惯：理性说该起床了，感性说睡觉好舒服呀,再睡一会儿吧,就一会儿。

对自我的这两大特性的了解,能帮助我们对角色有正确的认识。受感性自我控制的心理舒适区的本质是熟悉应对环境的方式,这种应对方式不一定是真正好的,只是一种习惯方式。对人类而言,应对方式首先表现在具体事物的应对,然后是内心情绪的应对。心理舒适区带有一种虚假的控制感,当我们受到威胁时,就会产生焦虑,这个时候我们就越需要控制感。心理学者常生认为,你要面对自己内心真实的爱和怕,改变自己的舒适区,以获得新生,迎来真正的改变。其实这很难,特别是人到中年以后,要改变自己的感性自我,几乎是不可能的。

古希腊哲学家埃皮克迪特斯认为,人不是被事物本身所困扰,而是被其对事物的看法所困扰。他的意思是,人看到的往往不是真相,而是他自己内心世界的镜像。美国著名心理学家阿尔伯特·艾利斯说,埃皮克迪特斯的话表明,古人早就认识到,引起人们情绪困扰或不良行为的并不是外界发生的事件本身,而是人们对这个事件所持的认知内容,如个人态度、看法、评价、解释、信念等。遇见一个问题,有些人乐观,有些人悲观,有些人习惯在外部找原因,有些人习惯在自身找原因,心理学家把这种习惯性想法叫作心智模式。

心智模式是我们解构世界的方式,它塑造我们的经验,影响我们的情绪,并对同一件事情产生不同情绪和解读。这说明,我们对世界的理解,我们所进行的每一个行动,其实往往带着很强的个人色彩,往往是感性自我在发挥作用。我们的社会角色也往往是由感性自我塑造起来的，虽然理性自我一直在试图阻止我们走偏，但往往收效甚微。

心智模式可以分为成长型和防御型两种模式，其中，成长型模式不是让我们变得简单，而是变得深刻而复杂，以走出一条自我发展的道路。防御型模式有一种假设，认为人的能力是固定的，顺风顺水的时候觉得自己很厉害，遇到挫折又觉得自己一无是处，这类人会特别在乎别人对他们的看法和评价。

关注自我证明还是关注能力成长，是两种思维的重要区别，前者容易把批评当作对本人的负面评价，而后者则把批评当作是一种帮助人改进的反馈。成长型心智相信变化，认为自己是什么样的人不重要，自己会怎样发展才是最重要的，这类人相信试错是一种基本的学习准则。相信错误是人生的一部分，有时人生会因为错误而变得丰富多彩。

在纷繁复杂五花八门的角色面具的背后，人类的真实面孔就是这两种：成长型角色和防御型角色。成长型角色关心的是自我发展，防御型角色更多的是关心他人对自己的评价。当然，这两者并不是绝对的泾渭分明，因为成长型角色也会在乎外界的评价，同样强烈希望获得认同；防御型角色也并非站在原地不动，坐以待毙，同样也会努力奋斗。只不过，这两类角色在自己的人生路上会有不同的侧重。成长型角色要多一些乐观，防御型角色更多一些悲观。如果要用色彩来区分，成长型角色会偏向暖色，防御型角色会偏向冷色。

防御型角色更容易把世界描绘成灰色，事实上，这是非常主观的偏见，因为世界并非绝对的灰色，也非绝对的暖色，而是多姿多彩的。要知道，这个世界并不是按照你的愿望来运转的，你的愿望与现实往往有着极大的差距，因此，防御型角色要充分认识到这一点。分清愿望和现实，是一个人成熟的标志。这个世界不是围绕你来设计的，每个人的人生都会有很多很多苦难和不如意，苦难和不如意恰恰就是人生的有机组成部分。没有苦难和不如意的人生是十分乏味的，就像一眼望不到头的直路会让人无聊到绝望。苦难和不如意是人生路上的美丽花朵，坎坷不平才可以防止人生堕落。

防御型角色会有很多很多的"应该"，这些无穷尽的"应该"遮蔽了他们的双眼，限制了他们的情感，含混了他们真实的表达，并会给他们戴上一顶贴有"不自信"标签的帽子。其实世界就是一种客观存在，哪里有什么应该或不应该，你要做的就是理性地认识这个世界，扮演一个理性的角色，让人生多一些暖色。

我们所处的世界是一个复杂关系纠缠的世界，没有人是完全独立的个体。在每一种关系纠缠里，都会有一个不同的自我，会戴上不同的面具，成为不同的角色。人无时无刻不在关系纠缠之中，因此需要不断地调整自己的角色，变化自己的面具，与周围的世界达成和谐。即使你独处，你独处的空间也是关系纠缠来界定的，因为你不可能生活在绝对的真空中——真空中也还有光线扰动呢。独处的时光，你依然要跟周围的世界发生林林总总的关系纠缠，扮演各种各样的角色。绝对的独处是绝对不可能存在的。

在不同关系纠缠中，你和自我会很不相同，你的角色面具会跟你的真实自我脱节，这是常常发生的事情。比如你的内心在悲伤地哭泣，然而你身处的环境却要求你必须微笑；你刚刚得到自己企业破产的消息，你却不得不满怀激情地对员工们说，我们一定会渡过难关……可以说，人们戴的面具和扮演的角色，跟自我脱节是一种常态。其实，角色与自我的高度吻合，会让人产生严重的乏味和不适，角色的繁复变化，正是生命之花多姿多彩的秘密所在。

角色是社会关系的产物，是适应环境并与环境达成和谐的手段和策略，因此在特定的关系纠缠中，自我并不重要，你的角色才是最重要的。戴上适应环境需要的面具，扮演恰当的角色，你才能与环境融合，获得虽大的平衡感和安全感。

没有人是一座孤岛。人人都是森林里的一棵树苗，根系和土壤连成一体。对于环境来说，自我可有可无，甚至毫不重要，环境需要你以角色出现，而非自我。不过，自我对于角色的成长却具有至关重要的意义，甚至可以说，有什么样的自我就会成长为什么样的角色。比如一个人要成长为一个领袖人物，他必定拥有一个强大的、成长型的自我；而一个喜欢睡懒觉的人，是不大可能有成功的人生的。

虽然自我决定着角色的成长，现实角色的分配却是关系纠缠的结果。角色是关系纠缠的产物，你处在什么样的关系纠缠之中，你是否能与这种关系和谐融入，决定着你能分配到什么角色。所以，社会角色（面具）并非可以完全自我掌控的，甚至有可能，你所得到的角色（面具）有可能完全违背了你的意愿，但你身处其中，却不得不接受，除非你想出局。

对于角色来说，最重要的是关系纠缠，而不是主观愿望。当然，主观愿望能与关系纠缠发生高度和谐融入，你也有可能得到希望的角色。关系并非要去巴结某人，而是指特定的环境，打个比方，关系纠缠就是一场特定的戏剧，你要在其中扮演一个角色，甚至是一个重要的角色，你唯一的选择就是全力融入其中，而不是让剧情来围绕你的意愿转。

戏剧不需要自我，它只需要你按照角色要求去演绎爱恨情仇。观众想看的是特定角色遭遇的特定剧情，而不是脸谱背后那个真实的人。所以，当你的社会角色发生了困难，或者陷入了角色选择的困扰时，你应当到特定的关系纠缠中去找答案。

当然，角色的决定并非绝对被动，在合适的关系纠缠中，你掌握着角色的选择权和主动权。心理学者陈汤贤认为，一种自主的、有选择的，但又能为自己负责的关系，有利于自我发展，这样我们不会轻易被别人的情绪影响，同时能够去不断探求新的关系，发现更多的新的自己，而不是被绑在某种关系或者角色中无法动弹。现实确实会让你在一段不健康的关系中纠缠不清，活在别人的目光之中，但这是完全可以改变的。只要你愿意去改变，而且付诸行动。

在某种特定的关系纠缠中，情感是维系关系纠缠最为重要的动力。陈汤贤认为，依恋是人最强烈最基本的情感，只有带着依恋的情感去接近和信任别人，才有可能在新的关系中塑造新的经验自我，获得角色的成长。

所以，拥有理性自我和成长型心智模式对每一个人来说都是非常重要的。理性自我能让你准时从床上爬起来朝着目标奔跑，成长型心智能让你做自己情绪的主人，不被他人左右。如果你有理性自我相伴，又能做自己情绪的主人，你就能在特定的戏剧（关系纠缠）里扮演你想要的角色，并大放光彩。

掌控你的面具，而不是让面具来掌控你。

自我与秩序：边界意识的意义

在古老的东方文明体系中，家是最基本的单元。古老的东方文明以血缘为纽带，把家庭、家族、国家紧紧地捆绑在一起，构成一个强大的整体。在这个体系中，位居金字塔顶端的帝王以为天下子民负责的态度管理天下，中间的地方官则被称作"父母官"，具体实施对国家的治理工作，底层的就是普通百姓。除开种种制度之外，维系这个庞大文明体系的核心骨干就是明显区别于西方文明体系的伦理道德观：做君王的要有做君王的样子，做臣子的要有做臣子的样子。这些伦理道德观经过千百年的实际应用，已成为相对固化的文化基因，成为东方社会的自觉，在历朝历代中约束着每一个人，发挥着巨大的作用，对秩序的稳定是有积极意义的。

在家庭层面，也以同样的方式维系着小系统的秩序。在家庭这个小单元里，固化的伦理道德观发挥着作用。用现代人的标准来衡量，古老的东方文明统治下的家庭伦理道德有很大的问题，比如极端的父权和夫权等，就是专制文化的典型体现。但在历史的当时当地,这些伦理道德观意义非凡,因此完全用现代标准去衡量历史现象,就是现代偏见病。评价某一事物,不可把它作为孤立的样本泛泛而谈,而要放在具体的环境中去考量,才会得出公允的结论。

古老的东方文明体系中有一个常常被忽略的问题,就是作为个体的边界意识相当缺乏。即使到了现代社会,全球化带来的多元文明极大地改变着东方文明的种种价值观和伦理观,但边界意识依然没能引起人们的足够重视,从而引发很多社会问题和个人的尴尬难堪。

泛泛而言,边界意识就是自我意识的确认。"自我"是一个西方现代文明的符号,是个体对其存在状态的认知,包括对自己的生理状态、心理状态、人际关系以及社会角色的认知。通俗地说,一个具有自我意识的人,他不仅对自己有充分的认知,对自己在社会关系纠缠中的状态也有充分清醒的认知,知道"上帝的归上帝,凯撒的归凯撒"。这样的人懂得在自己与他人之间划上明确的边界,在确保自己权利的同时,也确保自己不去侵犯他人的权利。

自我意识并不是极端个人主义思想的体现。对于现代社会来说,自我意识对社会的和谐稳定具有强大的功能性作用,明确的责任和义务,明确的楚河汉界,如果每个人都具备了这样的自我意识,整个社会的秩序就会大大提升。

社会之乱,其根源在于自我意识/边界意识的淡漠和缺失。在古老的东方价值系统里面,自我并非一点影子都没有,然而很少有人重视它。在东方社会，角色意识远远超过自我意识的重要性，在这里，角色就是你的位置，它可以是一种具体的职务，也可以是一种具体的身份，乃至一种社会影响力。在东方文化体系里，作为个体的身份意识是非常弱的，每个人都被要求高度重视其社会化身份意识，知道自己"有几斤几两"。人们看重的是你在社会系统中的分量，而不是你作为一个具体的人的价值。即使在当下高度文明化的社会里，每一个人见面，互相询问的都是"你在干啥""你的收入怎么样""你在哪个单位"等非常社会化的问题，很少有人关心"你快乐吗"这样的话题。在东方文化系统里，个人是非常不重要的，一个人如果脱离具体的组织，即使你懂五十门外语，即使你能够写出比爱因斯坦还厉害的质能方程，你也是一个多余的人，因为你没有社会角色，成为没有锚点的漂浮之船。

东方文化体系中，个人价值不在于你有多厉害，而在于你手中掌握着多少可资交换的"暗能量"，俗称社会资源。你的有用性才是你的价值。在这种文化情境中，自我意识是多余且可笑的。

所以说，细究东方人不重视自我意识和边界意识，是有其深刻的文化原因的，因为个体不重要。在东方文化里，孤立的个人就是不重要的代称，人们关心的是，你是谁的儿子，你是谁的下级，你有多少社会资源，你有多大的关系能量。在这里，个人没有多大意义。如果一定要赋予个人以意义，你就得先解决好角色问题，先把自己变得很重要，然后你作为一个人的价值才会受到重视。

自我意识和边界意识的淡漠，必然导致"和稀泥"文化的发达和泛滥，这是中国历朝历代社会混乱的重要根源。在东方家庭中，互相依恋的关系纠缠有着巨大的正面价值，比如互相支持，共同对抗岁月和死亡，等等。然而，这种黏稠的家庭关系纠缠同时也是它的问题源头，导致东方家庭很少有边界意识，甚至不知道有"边界意识"这个词汇。在这里，"我"和"我们"是分不清的，一切以"大家"为核心，如果要强调自我意识，强调边界，就会被家人认为不孝、冷酷无情等，也会被外人嘲笑"自私自利"。在这样的文化氛围中，强调财产边界、心理边界、身体边界、地理边界就显得非常愚蠢。

现代西方文化的边界意识之所以受到高度重视，是因为个人主义文化的突飞猛进。边界意识在西方社会流行的深层次原因是法律在西方社会受到普遍的敬畏，而法律正是基于边界确认的产物。法律最重要的作用，就是清晰地划分哪些是你的，哪些不是你的。

所以边界意识的模糊是中国人法治意识普遍淡漠的根源，以至于在司法实践中，"和为贵"的传统思想依然在发挥着相当大的影响。站在关系纠缠的角度来看，不捋清边界意识，不强化自我意识，中国社会的问题只会越来越多。没有边界意识，中国社会的问题会跟经济增长保持正向同步。

心理学者武志红认为，在东方社会，人们要逐步习惯于确立各种边界，其中包括日常的财产边界、心理边界、身体边界和地理边界。

在财产方面，不管是在家庭里，还是职业环境中，都不要轻易给别人以共生感，更不要在金钱利益上让对方觉得你们是一体的，所谓你的就是我的，我的就是你的。财产必须要有边界，成熟的人讲利益，幼稚的人讲情面。家庭成员之间有明确的财产边界意识，表面看很无情，很自私，实际上这能让你自己和他人都能避免侵犯感，因为不管人们多么藐视自我意识，藐视边界意识，在每个人的心中，"我"和"你"是分得相当清楚的。朋友借钱后反而做不成朋友，就是非常好的例证，因为你拿走了属于我的东西却不归还我，我们就不能继续做朋友。你必须保护好自己的财产，否则就会不断地被侵犯，最终你跟其他人的关系依然会走向破裂。

吊诡的是，东方人对自我意识和边界意识的淡漠，往往表现为对他者权利的漠视和肆意侵犯，而且在侵犯后不会表现出歉意和自责。然而，当自己的权利被他者侵犯后，却常常会产生非常严重的过激反应。剖开这一悖谬的现象，我们会赫然发现，边界意识的缺失正是罪魁祸首。

比如，有人乱停车挡住了你的道，你一定会大冒其火，修养差的话还会破口大骂。然而，你在停车的时候就真的会注意不挡别人的道吗？恐怕不会，因为你这个时候想得更多的是自己方便。这就是没有边界意识，双重标准正是边界意识缺位的产物。

可以说，中国社会的绝大部分矛盾纠纷，都是边界意识缺位造成的。如果你对我这个断言不以为然，你可以随便找几个案例，看看它们究竟是什么原因引发的。你会发现，这些原本可以避免的矛盾纠纷，其实都有一只看不见的手在起作用，它的名字叫"没有边界意识"。

在边界意识中，心理边界是特别敏感的。当一个人特别爱窥视他者的隐私时，就意味着他正在跨越对方的心理边界，这是一种严重的侵犯行为。可是现实生活中，这种侵犯普遍存在，人们甚至宣扬一种观点，家人之间、朋友之间要坦诚相待，互相遮遮掩掩是十分可笑的行为。

事实上，隐私感是最原始也是最重要的心理边界。过度坦诚意味着一个人彻底放弃了他的心理边界，表面上看这是一种让人肃然起敬的优良品质，实际上这是害人害己的行为，因为你在放弃隐私自我守护的同时，也会要求他人放弃隐私的自我守护。然而，每一个人都有他不可以示人的隐私，正如我们不愿意把我们的身体当众裸露一样，没有人愿意把自己完全暴露在公众的目光下。既然你自己要求保护隐私，那你就没有任何理由去要求别人"老实交代"。

身体边界也就是"我的身体我做主"，如果你连自己的身体都做不了主，那你还成其为一个具有完整权利的人吗？身体边界的底线就是"我愿意"或"我不愿意"。如果我不愿意，那么任何对你身体的强制行为都是严重的侵犯。身体边界意识的重要性不言而喻，只要你意识到自己的身体边界是绝对不可逾越的，你就有可能不会轻易侵犯他者的身体边界，这正是人类和谐相处的密码。

地理边界就是"我的地盘我做主",不然就成了别人的殖民地,成了公共牧场。如果你不想被人骑在胯下,那你就好好守护自己地盘的边界,未经许可严禁入内。当然,同理,你有了地盘的边界意识,才不会侵犯别人的地盘,这是一种双赢的关系纠缠。

然而,真要做到我是我你是你,真要明确每一个人的边界意识,在黏稠的中国社会,这是很难很难的。但是,不管有多难,形成明确的边界意识,你才能守住自己的边界和利益,才能尊重别人的边界和利益。如果你失去自己的边界而不自知,你就是在鼓励别人继续入侵你,最终的入侵就是剥夺你的一切。反过来,你也会肆意侵犯他人的种种权利而不自知。

没有边界的世界,是混乱和无序的。

意义缺失：现代人的困境

2000多年前，孔子带着他的弟子们周游列国，想说服各国诸侯，实现他的政治理想。多年过去，孔子没能达成他的既定目标，只得怏怏不乐地回到鲁国。孔子是一个内心十分强大的人，大半生的颠沛流离并没有磨灭他的人生激情，回到鲁国后，他重新定位了自己的人生，一边教书一边跟弟子们一起整理《诗经》，编写《春秋》，自得其乐。

孔子未能实现政治抱负，便退回田园开课授徒，为自己生命的意义找到了另一个支点。他仕途不顺，内心世界却是饱满而热情的。孔子之后的中国读书人，也常常如此，进则天下，退则田园："达则兼济天下，穷则独善其身。"在中国传统文化思想体系中，郁郁不得志之人总会有一个人生去处，照样会活得潇洒，所谓天无绝人之路，就是这个意思。

中国传统文化编织的绵密而中庸的精神之网，使中国人能在进退之间都能找到确切无疑的生命意义，四大文明古国最后只留存下我们这一个，跟中国人的这种独特精神世界有关吗？我认为是的。

意义的确定，是人活下去的最强大的理由。如果失去了意义，活下去就没了心理支撑。这让我想到一个心理学名词：流体补偿——面对一个不可理喻的事情或者一个自相矛盾的局面时，人们会感到不安并失去确定感，这个时候，就会产生一种心理补偿机制。面对荒诞和不确定的世界，你有可能发起探索的欲望，向外进攻，但更可能选择退守。不列颠哥伦比亚大学教授史蒂芬·海涅提出一个"意义维护模型"，说我们的大脑总是追求用一个单一、自洽、整体的观点去看待现实，我们认为现实应该有统一的意义。如果看到有些事情荒诞、不合情理、说不清它的意义是什么，你就想维护你的意义系统。这种感觉很难受，是一种切身的痛感——这个意义维护的过程就是流体补偿。失意的孔子回到鲁国当教书先生，就是一种典型的流体补偿，他用授课的方式展示了自己的生命价值，从而获得心理平衡，维护了他的意义系统。

理解了流体补偿，我们就能理解为何有那么多人怀念计划经济时代的生活方式。那个时代虽然有种种问题，但一切看上去都是确定的、简单而可以理解的，生活的意义也是没有任何疑问的，因此让人怀念。

马克斯·韦伯有一句名言："人是悬挂在自己编织的意义之网上的动物。"他的意思是说，人类所坚信不疑的意义，其实是人类自己杜撰出来的一套系统，本质上这种意义并不存在。然而，这种虚构的生命意义却对人类至关重要，须臾不可或缺，以至于族群之间往往会为了维护自己的意义系统而开战，用无数人的流血牺牲去捍卫己方的意义体系。其实，意义是客观的存在还是杜撰的把戏，对于人类来说已经不重要。人类需要意义，并愿意以死捍卫，这才是关键。

在古代社会，由于生产力低下，各种文化体系的相对封闭导致文化和宗教的相对独立性和确定性，意义也被固化，成为族群的指路明灯。然而，进入现代社会后，由于科学技术的迅猛发展，各种文化的广泛交流，宗教的日益式微，人类整体对生命意义产生了迷茫和失落，多元的生命意义反而成了虚焦的照片。

由于心灵的需要，人们在对生命意义极端迷茫的同时，又依据各自的实际情况建立起了纷繁复杂的价值体系，以给自己一个前进的方向和理由，人类由此进入价值多元化的时代。当然，这也是一个困境，因为这些仓促建立的价值体系大都基于"我喜欢"这个脆弱的理由。善变是人的古老特性，所以"我喜欢"是非常不靠谱的一个理由，它会随着人的情绪变化、环境变化等而朝三暮四、变化无常，从而造成内心长期的动荡感和不确定感。可以说，长期的动荡感和不确定感就是现代人最显著的精神特质，是现代人精神困境的标签。

大脑追求的单一性和"我喜欢"的不确定性，使人自身的矛盾变得难以调和。为了维护内心的平衡，人们试图找到一种适用于所有人的宗教替代物，结果还真找到了，它就是万能的金钱。社会学家格奥尔格·齐美尔说："金钱有一点像上帝，上帝对所有人一视同仁，每个人都可用上帝的名义做自己的事。"然而，韦伯却认为，金钱只是工具理性的一部分。工具理性做事实判断，而价值理性要做价值判断。现实的情况是工具理性发展得太强大了，压倒淹没了价值理性。比如财务自由与诗和远方——我们发誓要赚取足够的金钱，然后去过诗和远方的美妙生活，然而，由于赚钱花了太长时间，当我们真的拥有金钱时，却对诗和远方失去了兴趣，甚至想不起赚钱的初衷是什么。赚钱这件事本来是手段，最后却变成了目的。

宣称金钱有点像上帝的齐美尔又说："金钱只是通向最终价值的桥梁，而人是无法栖居在桥上的。"他的意思是说，金钱只是工具，人不能把工具当作目的。然而事实上，现代人大多忘了当初为什么出发，或者即使还记得初衷，也没了寻找诗和远方的力气。

现代人找到了上帝的替代品，却没有找回生命的意义，依然深陷精神困境而不能自拔。越来越多的现代人生活在城市里，城市有更高的效率，更多的机会，对国家来讲，也可以节约更多的资源，但效率和机会不过是工具理性的结果，本质上与幸福无关。生活在摩登都市里的人们，其幸福感和喜悦感远远低于古人。你拥有了强大的工具，却忘记了这个工具为何在你手里。

古人通过宗教或神仙崇拜找到意义的确定性，这种行为在今天被看成是迷信，但在古人看来，人和神是可以沟通，可以互动的。如渔船出海前要祭奠妈祖，打仗前要去神庙占卜，生不出孩子要去求送子观音，等等。总会有一个坚固的挂钩悬挂着你的生命意义，让你找到冒险的理由和出发的激情。在古代社会，由于对宗教的虔诚信仰，对神的敬畏，一切都是确定而安全的，你需要做的只是对神和未知保持敬畏之心。这种行为构成古代社会精神极为重要的部分,人们认为自己跟整个宇宙是一个紧密的整体,构成宇宙秩序,而确信无疑的整体秩序给予人们生存的意义,赋予人们"安身立命"的根据。所以,古代的人们即使生产力低下,物资异常匮乏,内心却是安详而幸福的。遗憾的是,安详和幸福正是现代人最匮乏的。

对生命意义的消解,科学发挥了关键作用。譬如,在古代社会,人们是坚信爱情的,相信一个人与另外一个人的结合是基于神奇的缘分,生命和生活都是非常诗意化的,爱的神圣是各种文明永恒的赞颂主题。然而在现代社会,你爱上一个人不是什么前世姻缘,而是你体内的荷尔蒙变化,这种冷冰冰的解构,让人类失去了爱的美感、责任感和神圣性,男人和女人的结合堕落为简单的、动物化的原始交配,以及基于物质需要的利益联盟。人们越来越感受不到爱和被爱的滋味,婚姻越来越变成悲剧的温床,而不是生命的温暖巢穴。高达50∶100的离婚结婚对数比,[①]以及许多明星、官员乃至普通百姓的配偶反目后欲置对方于死地的种种极端行为,足以证明这一点。

美国有一档娱乐节目,其中有一个场景,几个天才少年向他们的父母详细而"科学"地讲述了爱情和婚姻的实质,他们的父母竟然因此而产生了严重的心理障碍,导致无法过夫妻生活!

说到这里,我想起一句歌词:假如人间没有爱,这个世界我不来!

---

① 民政部:《2019年民政事业发展统计公报》。

我突然感到十分悲伤。

历史是不可逆的，我们不可能回到古代社会，我们大多数人在未来相当长的时间里都会困守在生命意义的缺失中。或许，我们能做的，就是在这个失去了确定感的混乱世界做自己的上帝，给自己的生命赋予意义。这很难，却是不得不做的选择，因为自救是生命的本能。

生命意义的失落所导致的种种不确定性充斥着整个世界，也导致这个巨大而复杂的网络系统的关系纠缠和流动失去了确定性和稳定性。是的，一切都变得不确定了。我们花几十年所学的知识，可能在未来十年变得一文不值，我们的职业岗位可能被人工智能代替，我们一生的财富可能因一次"黑天鹅"事件而破产，我们的家庭可能因一次争吵而破碎。在现代社会，大多数人都没办法一直跟时代保持同步，被淘汰和被抛弃成为大多数人的现实困境，也将成为大多数人的精神困境。无论哪一个阶层，也无论哪个年龄的人都会因此而深感不安。

孔子是幸福的，虽然他没能实现政治抱负，但他通过传道授业解惑找回了活着的价值和意义。现代人却没有这么幸运，由于意义的失落，我们被深深困在现代社会这个"铁笼"里，如何走出困境，将是我们时代最大的难题。

渴望确定：现代焦虑症病灶

研究人的著作可以说是汗牛充栋，以人为对象的心理学更是百花齐放，各说各话，但到今天为止，我们对自己究竟知道多少，这个问题恐怕难以作答。

科学技术的飞速发展帮助人类实现了上天入地的千年梦想，也滋长了人类自高自大的错觉，人类自以为已经无所不能，已经到了可以取代上帝自我封神的地步。很多时候，当我们被成功的美酒灌醉后，就以为自己已经是神了：上帝已死，那就让我们来扮演上帝的角色吧。然而事实上，我们真正知道的东西比我们自以为知道的要少许多，三个W（我是谁？我从哪里来？要到哪里去？）的千古疑问依然摆在那里，没人能给出让人满意的答案。

其实，扮演上帝的角色本身就是一个伪命题，因为我们并不知道上帝长的啥模样，更不用说上帝究竟在哪里、上帝究竟干了些啥。严格说，连上帝是否存在都是一个大问题。那么在这样一种极端无知的情况下，我们就匆匆忙忙扮演上帝，这只能算是一个极端无知的笑话。

如果一定要说上帝是存在的,那么在我看来,它就是人类对操控宇宙的那只无形大手的拟人化表达。但是,我们并不知道上帝究竟在哪里,他掌握的那把开关宇宙奥秘之门的钥匙究竟是什么样的,我们也茫然不知。在宇宙大尺度上,我们太过渺小,太过无知。我们之所以如此无知,是因为上帝在制造我们的时候,一不小心就把我们造成了只有三维感觉的动物,因此三维以上,我们就是盲人,三维以上的存在,我们就说,没看见啊,那怎么可能存在。

可悲的是,我们很少承认自己是无知的,相反,我们自以为无所不能,一切都不在话下。这种被莫名其妙的自尊所支配的自我美化,成为一种普遍的现代病。所以当有人提出要消灭人的肉体,把人升级到一个纯信息的"智能人"从而实现人的永生时,我并不觉得奇怪,因为一些人已经在扮演上帝的角色。

我们真的有那么厉害吗?举个例子,在科技高度发达的当下,人类普遍的焦虑却在四处蔓延,已经成为另一种现代疾病,可是人类对这种疾患束手无策,无计可施。焦虑控制了人类社会,并大有蔓延之势。

说到现代人的焦虑,我们可以做一些探索。宇宙很大,一个人的微观系统的复杂度一点儿也不小,现代人的普遍焦虑,我认为是这个巨大而复杂的微观系统与其他系统发生关系纠缠时出了毛病。马特·里德利在《基因组》里讲述了两个概念,一个叫DNA,一个叫基因,你可以把DNA想象成一个长长的链条,这个链条上有用的部分叫作基因。基因只占DNA的3%左右,其中97%

就包括几千种病毒的基因组。除病毒基因之外，人类DNA链条上还有各种垃圾。有的小垃圾链条甚至复制了10万次以上。所以，人类的基因组并不是定格的照片，而是一直在改变，始终处于一个动态平衡过程中。我认为，如果关于基因的结论是靠谱的，那么现代人普遍的焦虑，极有可能是人体内的某种病毒基因被外在力量激活并大量自我复制，最终控制了人的焦虑情绪。

那么，激活控制焦虑情绪基因的这种外在力量究竟是什么呢？美国心理学家马克·舍恩在《你的生存本能正在杀死你》一书中提供了一种解答，他认为，人类曾经赖以生存的本能，被现代社会生活越来越快的节奏打破平衡，从而产生生存误判，以为人体正长时间处在某种危险之中。这种误判就激发了焦虑情绪。

科学家发现，当人遇到消极的事情时，大脑边缘系统会有不适感而形成负面情绪，为了结束这种不适感，大脑就会设法产生快感，这是生存本能的运作方式。然而，在现代社会快节奏、无情竞争的生产和生活环境下催生的生存本能的过激反应，导致大脑要不停地与负面情绪的不适感作斗争，从而形成恶性循环，最终让大脑陷入沮丧——焦虑。

西奥迪尼、马丁、格尔茨坦三位作者在《细节》一书中指出，人的大部分决策都是在很短时间内被直觉、情绪、惯性和从众心理来推动的，直觉提醒我们，我们正处在一个高速运转、紧张嘈杂、人人自危的不适环境之中，负面情绪就会不可控制地弥漫我们整个身体，当环境中的所有人都被这种不适感控制时，人类集体的焦虑就出现了。

这样我们就不难理解，在物质生活越来越丰富的今天，人们为何越来越缺乏幸福感和快乐感，因为焦虑控制了我们的整个生活，也控制了我们的生命。

更高，更快，更强大——人类正在被不停且不断升级的自我催促累垮掉，这就是激发现代人焦虑的外在力量。往深处探究，人类渴望更高更快更强大的诱因，就是永远填不满的贪婪，以及对未知的恐惧。再往更深处探究，我们就看到了作为人的微观系统的巨大复杂性。

人是一个复杂的综合体，形象地说，每个人都是千亿级的生命集群构成的复杂综合体。当我们作决策时，这个超级复杂的综合体就有多个系统在发挥作用，其中一个就是几万年来的文化系统，另一个是几百年来的科学系统，第三个是由菌群组织起来的自然系统。面临无数难题时，这些系统会发生巨大分歧，导致决策结果的混乱，最后导致人的焦虑。经过几万年演化出来的文化体系告诉我们事情应当怎样做，科学系统却告诉我们事情是另外一个样子，存在了数十亿年的自然系统却说，文化和科学都错了，事情的真相是这样的。分歧导致混乱，混乱导致焦虑。

举个例子，人类制造出了原子弹，证明自己掌握了上帝的力量，然而，人类还没来得及欢呼，就发现原子弹也可以将人类自身瞬间毁灭。面对这样一个恐怖的事实，人类岂有不焦虑之理？又譬如，人类掌握了克隆技术，还没来得及广泛应用，就发现这一技术也会终结人类社会，因为它会毁灭人类花费几万年辛苦建立起来的伦理体系。如果克隆技术被广泛使用，人类文化就得全部推倒重来,(你该怎么称呼你的克隆体?你的妻子跟你的克隆体是什么关系?你儿子的克隆体也是你的儿子吗?如果不是,他是谁?如果是,他是否应当享有遗产继承权?你的克隆体是你自己的影子,还是另一个具有法律意义的独立个体?你的克隆体杀了人,你是否也要承担严厉的法律制裁?)这个噩梦,恐怕比原子弹还要厉害!

当我们再也无法掌控自己的生活时,焦虑就如影随形。

普遍焦虑还有一个原因,就是人类的普遍无知,我们对自身了解的匮乏。因此,要医治现代人普遍的焦虑症,仅仅依靠药丸是没有用的。就算你用药物治好了焦虑症,由于焦虑的根源没有拔出,焦虑的肥沃土壤依然在那里,人只要一回到更高更快更强大的现实社会,回到以科技之名引导人类走向未至之境的集群里,焦虑必定会复发。

亲密关系：婚姻与爱情

婚姻是人类文明保留下来的一种制度，生物学家认为，人类是非典型的一夫一妻形态，男人的体重普遍比女人重二三十斤，身高比女人普遍高一二十厘米，而不像大猩猩，公猩猩比母猩猩重太多，所以大猩猩是一夫多妻制。这种解释有一定道理，动物（包括人类）的交配从本质上讲都是为了基因的传承。生命是有限的，基因却可以一代代繁衍下去。在动物世界，食物和交配都是头等大事。

伊丽莎白·阿伯特认为：对男人来说，婚姻是财产、性和孩子；对女人来说，婚姻首先是一种生活方式。马克思也认为婚姻是私有制的产物。其实，婚姻是几千年来各文明社会的自然选择，它能对抗生存的不确定性和基因的确定性，这里面有权力也有责任，还有社会的分工和人类基本的秩序。

传统中国是以血缘为纽带的文明，中华文明传承几千年的忠孝文化，本质上是一种秩序，一种稳定的社会关系，当然也是一种财产关系。这种文化的背景就是婚姻关系，在婚姻关系之下的是稳定的家庭伦理和社会伦理。

历史上,婚姻和爱情很大程度上是分离的,婚姻更像一种利益联盟,而不是基于爱情的结合。婚姻和爱情的统一是相当晚近才有的事情。古希腊政治家德摩斯梯尼讲:"我们拥有妓女是为了享乐;我们拥有妾,是为了让她们照料我们的生活;我们拥有妻子,是为了获得合法的后代。"古罗马哲学家塞涅卡也认为:"对一个男人来说,没有什么比像爱情妇一样去爱自己的妻子更丢脸的了。"古希腊政治家伯里克利讲:"好女人的标准并不是被别人称赞,而是不被人讨论。"马丁·路德也说过:"你看女人的屁股造得那么宽,说明女人的职责就是生孩子。"……这些各个时期的著名人物对婚姻的评价,表明即使在不远的过去,婚姻也只是一种纯粹的社会关系,一种理性的利益组合,与浪漫的感情无关。

在中国古代社会,文人的爱情多在秦淮河边,所谓"青楼梦好,难赋深情"①。宋词大多在娱乐场里写成,并由妓女去传唱。欧洲中世纪也有记载:汉堡商会会长曾携大主教以及本城最负盛名的六位妓女,盛装来到城门口,迎接前来洽谈合作的米兰市长一行。

一夫一妻制是基督文化的产物,中国传统社会则是一夫一妻多妾制。这说明,婚姻制度在不同文化里有其差异。受西方基督文化的影响,多数国家采取了一夫一妻制,但妓女在一些国家较

---

① 青楼梦好,难赋深情:语出宋代词人姜夔的《扬州慢·淮左名都》。

广泛地存在。这也说明,即使在高度文明的当代社会,在各种文化里面,婚姻和爱情有时也是分离的。

女权运动把女性的地位提高到正常状态,也为解决几千年来的婚姻问题提供了一种可能。人们认为,解决婚姻问题的有效途径就是争取到彻底的男女平等——政治权利、经济权利等的平等。事实上,女权运动做到了,今天的社会基本上是男女平等的,只是骨子里,男人还残存着一点点往日的骄傲,残存着来自远古的基因记忆。

女权运动使婚姻和爱情的统一成为可能,并使全社会达成共识:没有感情的婚姻是不道德的。然而,这一巨大的进步却出现了始料未及的问题——婚姻的尴尬。据统计,2007年美国成年人中,已婚和同居人数加起来占比不到人口的50%,在欧洲也是如此,中国未婚一族也数量巨大。婚姻制度正在衰落,造成衰落的原因很多,首先是性和婚姻之间分离。由于避孕药的发明,性不再是一个可以约束的行为,现在社会的价值观"我喜欢"代替了传统的道德观念。性解放运动推动了性和婚姻的分裂。同时随着性和婚姻的脱钩,随之而来的是生孩子和婚姻的脱钩。在英国,女性一旦怀了孕,结婚的意愿反而下降14%,经济独立是主要原因。

婚姻的尴尬还在于婚姻的定义被宽泛化了。2015年,美国最高院判定各州禁止同性恋结婚违宪,传统的婚姻观念、婚姻制度正处于崩溃之中。现代文明让人们有了更多的自由和选择,但同时,自由和选择可能过了头,让人眼花缭乱,无所适从。

科学技术的飞速发展，价值和伦理关系的急剧变化、急剧调整，使维系了几千年的传统社会价值观及其相应制度逐渐消亡。在传统社会，价值观是确定的，只要你按照各自族群的价值观去生活，就不会出现太大的困扰和难堪。在现代社会，开放、流动、自由打破了各种各样的确定性，再没有放之四海而皆准的永恒法则，整个社会充斥着强烈的不确定性，是非标准也变得模糊起来，每走一步，每采取一个行动，都得靠我们自己去艰难判断。所以你就能理解为何现代社会的人们看上去都双眼迷茫，心事重重。萨特说，这种自由不是建立在强大能力的基础之上，而是建立在人的存在之上，建立在基本的虚无之上。在现代社会，我们拥有自由，自由选择却成了沉重的负担。在这样的背景下，婚姻关系的高度自由选择权，其实是有着强大的心理压力的，在缺乏确定参照系的情况下，任何自由的选择都很艰难。一定程度上，这也可以解释为何现代社会的人们对婚姻关系抱有较大的抵触情绪。

好的婚姻能带给我们美好的体验和亲密关系。作为社会的人，不是孤立的个体，以婚姻方式确立的家庭关系就成为以法律背书的亲密群体。在亲密关系里，人们常常把伴侣叫作"另一半"，另一半的说法是说一个人是不完整的，只有两个人在一起，才是最完整的系统。当你进入一段亲密关系的时候，你就不再是一个人了，你进入了一个以爱为连接、超越个体、有自己独立生命的系统。亲密关系意味着从"我"变成"我们"，在这种关系中你会长出新的自我。亲密关系还会让你获得归属感，使你对抗衰老、孤独的能力增强。心理学者陈海贤认为，家不仅是经济活动，也不仅是传宗接代，它更是用来对抗时间的。当你属于一个系统的时候，你就有了超越自我的存在。爱和婚姻结合在一起，夫妻之间便成为一种依恋关系。依恋关系是最纯粹的情感关系，而不是利益关系。

婚姻制度面临的挑战，其深层心理机制是对现代社会不确定性的恐惧：我们惧怕一切，包括亲密关系。我们都是以个体面对世界，通过调动心理防御机制，屏蔽爱的感觉，以此来屏蔽对惧怕的焦虑。对亲密关系的惧怕，心理学上叫"假性亲密关系"——表面上的"亲密关系"代表人们对爱的渴望，而"假性"代表对亲密关系的恐惧。现代社会，人们往往把自己的情感隔离起来，让自己麻木，因而不会感觉到痛苦。但这种隔离让人感觉不到痛苦，也感觉不到快乐。陈海贤说，因为渴望爱，我们想亲近他人。因为怕，我们又想方设法让那个人不那么重要。

现代社会，人们逃避婚姻的另一个重大原因是婚姻物化现象非常普遍。经济是保障婚姻关系的基础，但不是爱和亲密关系的基础；颜值和性、学历是婚姻关系的基础，但不是爱的基础。然而，在现代社会，不仅是婚姻双方的颜值，包括婚姻双方所有的东西——毕业学校、工作、收入、年龄等，都可以变成分数，凭这个分数给自己打分，给别人打分，来确定自己和对方的交往是赚是亏。这样，亲密关系就变成了彼此定价的交易关系，也就是婚姻的物化。物化的本质是关注这个人的功能，而不是这个人的内在。物化是一种特殊的心理防御机制，是为了避免可能的伤害，为了防御被抛弃的恐惧，人们因此把对方当作物一样看待。

然而，真正的爱是一种忠诚、依恋和欣赏——这正是现代婚姻关系最大的困扰，也正是人们不再相信婚姻是亲密关系的根本原因，因为人们不再相信纯粹的忠诚，不再相信纯洁的依恋，也不再相信发自内心的欣赏。

在爱情和婚姻关系中，包含着人性复杂的一面，爱情和婚姻不是唯美的童话，有着大量的灰色地带。在现实的婚姻中，我们需要宽容和退让，有时候也要坚决和果敢。陈海贤认为，婚姻关系要走出"自我"走向"我们"，就得把伤害自己的权利交给对方，这也意味着把保护自己的责任托付给了对方。这很难，但别无选择。

从古至今，夫妻关系是最为基本的社会关系，担负着人类繁衍生息的重大责任，然而，在各种文化中，最难相处的关系就是夫妻关系，否则就无法解释几乎所有的夫妻都会争吵甚至动粗，也无法解释何以有那么多的婚姻关系最终破裂。在越来越多的人选择逃避婚姻关系的当下，我们应当严肃检讨问题出在哪里，认真思考何去何从。

文字会消失吗？

在这本小书的最后，我们来讨论互联网时代大家都很关心的一个问题：文字会消失吗？现代人更喜欢看视频，更喜欢视频交流，所以文字是否会消失，真不是杞人忧天的一个问题。

这个问题的前提是，人类必须要有文字吗？

答案是否定的，因为世界上有不少民族没有自己的文字，依然过着幸福的生活。然而，不可否认的是，没有文字，人类就会发展缓慢且行之不远——至少过去的历史是这样。当今世界的强国，哪一个不是拥有自己强大的文字系统？如果没有文字，也就不可能有当今精密的科学技术，不可能有强大的跨国贸易和更大范围内的深度文明交流，我们也很难对世界进行深度的思考，人类就一定还处在刀耕火种的时代。

细想起来，人类离开文字，几乎难以有所作为，比如科学，比如所有的概念，所有的理论。如果没有符号媒介，那怎么去阐述我们高深的思想，如何去描述复杂的世界呢？我想，没有文字的文明，大概还停留在结绳记事的原始文明阶段吧。

事实上是文字再造了我们人类这个物种。文字不仅塑造了人类抽象思维和逻辑思维的能力，还把地球变成了一个文字的世界，文字成为人类思考、交流和记录的不可或缺的工具。它不仅加快了人类文明的发展步伐，精确传承人类的精神遗产，更是再造了人类这个物种，改变了全人类的生存状态。

无法想象，如果突然失去了文字，人类会出现什么状况。

在地球上，其他物种或许也能使用工具，也会有自己的语言，但使用文字的生物，只有人类。人类是在哪一个阳光灿烂的早晨，突然写出了第一个文字符号，从而踏上了文明发展的快车道的呢？又是什么原因促成了意义非凡的灵机一动？

细想起来，文字这种抽象符号，真是人类无比神奇的发明。

系统文字的出现只有几千年历史，但有符号的历史应当有几十万年之久。原始的符号本身就是文字，记录下原始人类族群的重大事务或人类对世界的思考、认识。也许，正是记录、思考和表达的需要，才催生了文字。当然，正如我前面说的，人类为何突然要用符号（文字的雏形）来记录族群的重大事务，这可能是个永恒的谜团，就像远古人类为何突然决定要站起来一样——你无法想象那一刻究竟发生了什么。

当今世界，不同民族有不同的语言和文字，不同的文字表达反映出不同种族思维方式、认知方式的差异，这些差异往往跟地理环境和生活方式有关。由于终年生活在冰天雪地的世界，爱斯基摩人对"雪"的表达就有十几种精确的描述。

所以我想，正是生活之需催生了文字的诞生，而不是突然的灵感闪现。当然，我的这一判断立即就面临一个困境：地球上的其他灵长类动物也同样有生活之需，为何没有发明文字呢？所以这个问题还是让考古学家、文字学家和其他相关的科学家去研究吧。但有一点是可以肯定的：生活之需是人类文字诞生最强大的催化剂。

文字记录下人类的思想和种种事务，又反过来塑造了不同的文明，塑造了各民族的不同性格，并进一步强化了文字的差异性，乃至同一个对等词汇在不同文字里的意义可能大相径庭。比如中国人对"面子"和"圈子"这两个词汇心领神会，不会出现理解上的困难，西方人对这两个词汇的理解就有很大的问题，他们甚至无法理解"面子"究竟是个什么东西。有一次我跟一个美国人讲中国人都好面子，面子文化是中国传统文化的核心精髓。我滔滔不绝地讲了一大箩筐，这位美国人却听得一脸茫然，无法理解我说的"面子"是个啥玩意儿，问我"面子"不就是脸吗？脸本来就在脸上，为啥中国人还特别在乎脸呢？于是我跟他详细讲解"面子"和"脸"的异同，说面子这个词并不是真正意义上的脸，而是一种形象的描述——我说了半天，发现自己也说不清楚，山姆大叔也就理所当然地越听越糊涂。

中国戏曲及民俗文化中，有一个词叫"冤家"，人们用这个词来描绘一个女子对一个男子的刻骨铭心的爱情，它的意思接近外来词"亲爱的"，但其强烈的情感表达却是"亲爱的"无法比拟的。"冤家"表达的是极端的爱恨交加，而"亲爱的"却平淡得无法唤起中国人深刻的情感体验，至少，在汉语里是这样。中国人描述一对热恋中的情侣时，会说"那两个冤家"，外国人却无法理解为何是"冤家"而不是"那两个爱人"。有一个故事，说法国一位资深汉学家在翻译《西厢记》时，把"冤家"翻译成"敌人"，后来发现这种翻译跟莺莺小姐想要表达的意思是相反的，他大惑不解，请教中国同行，中国同行告诉他，"冤家"不是"敌人"，而是代表情侣之间深沉的爱……然而，这位同行讲了半天，法国汉学家也是似懂非懂。就算他真懂了，法语里也找不到对等的词汇把"冤家"准确翻译过去。

在本民族能唤起深刻情感体验的词汇和意境，在另一个民族却苍白无力，甚至无法理解。不同文字对事物的描述，包含着不同民族对事物的情感、理解、思考和逻辑，文字的差异就必然会出现，这种差异有时候大到无法交流。

文字不仅承担着记录和传播信息的重要功能，还承担了特别重大的教育功能，形塑着不同民族的集体性格。人们从文献中得到的不仅是凝固的知识，还有族群的行为标准和道德规范，可以说，文字就是一个种族不死的灵魂。这种日复一日的形塑使各民族逐渐拥有了各自独特的精神气质和特征：东方人注重形而上的思考，西方人则注重细节和逻辑；东方人注重集体主义，西方人崇尚个人主义；东方人喜欢熟人社会，西方人则习惯和陌生人交往；中国人喜欢心领神会，西方人却认为一就是一，二就是二，必须精确阐释。这些差异极大的民族特质的养成，文字起了关键作用。比如一部《圣经》塑造了整个基督世界，一部《塔拉赫》让离散3000年的犹太民族重新聚合而建立起新的以色列国，一部

《论语》使中华民族历数千年而不倒。

在世界历史上,因为文字的出现,使远距离的文明交流成为可能。语言也是交流的重要工具,然而,声音无法远距离传播的天然局限,使语言只能在极为狭小的区域内传播。文字的凝固性、系统性和可携带性,使分居地球两端的民族能够心心相印。可以说,文字,也只有文字,促成了全球文明的广泛交流,一次又一次推倒民族隔阂的高墙,促进了民族对话、理解、包容,缩小了文明差异,使文明之间得以互相认同和趋同发展。

然而,事物的两面性同样适用于文字,文字形塑了人类社会,同时也制造了不少的问题。文字对事物描述的非精确性,注定了人们对文字有意或无意的曲解。在古汉语里,断句的不同,就会让一句话的意思完全相反;一个标点符号的位置不对,也有可能让当事人倾家荡产,甚至锒铛入狱。同样一段文字,由于理解能力的差异,会被不同的人看出完全不同的意思,所谓"仁者见仁,智者见智"……这样的例子,太多太多。

马歇尔·麦克卢汉认为,文字让人类的思维变得过于复杂,人类被自己创造出来的观念所异化。人类是自然界最聪明的物种,同时也是最擅长自寻烦恼的物种,这就是文字的两面性。

在我看来,文字导致的思维复杂性,正是文字的非精确性所致。你永远不可能对事物作出绝对准确的描述,分歧必然发生。

文字的负面作用远不止于此,马丁·普克纳(《文字的力量》作者)认为,文字的抽象能力就像个魔咒,让我们在"永恒""普世""终极"这些大词面前俯首称臣,这滋生了"理性的谵妄",

使人类困在自己发明的种种概念里不能自拔,互相攻击,甚至彼此伤害。

当然,我并不完全赞同普克纳的观点。人类互相攻击彼此伤害,并不是文字之过。文字只是一个工具,一个媒介。菜刀可以用来切菜,也可以用来伤人。文字在种种冲突之中扮演的不过是工具的角色,操纵这个具有巨大杀伤力工具的,是人类自己。文字是刀,人类才是拿刀伤人的那只手。

现代社会,由于互联网的横空出世和智能手机的诞生,催生了影视产业的高速发展,影像的远距离实时传播变为现实,文字的信息传播权重迅速降低,而且只会越来越低,这个趋势没人能够逆转,于是有人惊呼,文字很快就要退出历史舞台,未来的世界,将是影像的世界。

文字真的就要消失了吗?

也许会,也许不会。

说到文字也许会消失,是因为文字并非人类与生俱来的标配,那么它的半途消失也是可能的:没有粮食,人类必将灭亡,没有文字,人类依然存在。更为重要的是,科学技术的飞速发展所导致的世界不确定性,使得一切皆有可能,包括文字的被取代。

说到不会消失,是因为我们实在无法想象没有文字的世界将会变成什么模样。失去文字,人类怎样进行无比复杂、无比精确细致、无比系统的思考、描述和交流?没有文字,我们又如何凝固诗意情怀的瞬间灵动?没有文字,我们又怎样去阅读、理解、传承几千年积累起来的浩如烟海的文献材料?

跋：我自故乡来

好久没有喜悦的感觉了，是什么时候丢掉的呢？记不起来了，或许是年轻的时候吧，那个时候还很稚嫩，还相信很多东西，特别是美好的东西，还信心满满。现在的人生是丰满了，沉稳了，但也沉重了，再没了那种发自灵魂深处的喜悦感。

于是这个春节，就想停下来休息休息。从前的春节大都是到国外旅游，或者到海边住上几天。今年就留在重庆，会友、喝酒、打牌、读书、写文章。这样看上去很惬意的日子，却渐渐带来了沉重的疲倦感，而且无法消除。然后我就动身到云南看望儿子，以为在别的一个熟悉的地方可以找回些美好的记忆。然而，等到了那里，才知道物是人非，那里的阳光也变得陌生，带皮羊肉的美味也变得不那么美好。我就开车去攀枝花，那种疲倦感依然无法消除，然后去成都跟几个老同学喝得大醉。这几个老友已有几十年不见，陡然看到，少年已是白头，时光匆匆的感伤油然而生。

一次又一次的行走，得到的并不是心灵的释然，但我依然会不断地行走。我不断问自己,这一次又一次的行走,究竟是在寻找什么?

人们常说,吾心安处是故乡,漂泊的游子只有回到生于斯长于斯的故土,才能真正放松下来,获得心灵的宁静。如果这是真的,那么我此生就不大可能找得到那个心安之地了。故乡已没有了,或者我已无法确定哪里是故乡。

父母不在的故乡,成了回不去的家。

我恍然大悟,原来我是试图回到故乡去,然而故乡已经真的没有了,于是我满世界行走,心想能在某一天、某个地方突然有回到故乡的感觉,那种温暖的、带着淡淡的炊烟味道的儿时的感觉。我期待有那么一个去处,一个可以停留可以留念的地方,在那个地方可以给自己补充些能量,可以什么都不想。不想生意,不想文章,不想人情世故,只是放下、放空,空得只有些春天的气味,空得只嗅到阳光的亲吻,空得每根骨头都懒起来,被子里有轻轻的味道。

但是,我没能找到那个地方,灵魂无处安放。

是的,我不但失去了生我养我的故乡,也失去了灵魂的故土。

在这样的状态下,就会开始思考一些千古疑问:生命真的有意义吗?人和动物真的有分别吗?你读上1000本书,想1000个夜晚也想不明白,或许,我们只是被一种"有意义"的习惯控制着。每每思考这些问题时,我就感觉到身体很紧,身体里每一块肌肉都是紧的,那种僵着的状态十分不好,让人十分疲倦。

有时候想,无知也是一种福气,因为不知道自己不知道。眼睛看见太多了，也就不干净了。想得太多了，也就复杂了。书读得太多了，看得太明白了，也就沉默了。这样一想，突然就很羡慕那些无知无识的人，他们是不是很幸福的样子？

有位朋友让我用一个词来阐述2020年，我回答道：重生。后来想想重生也属于一种期望，重生谈何容易。每个人都是旅途中的匆匆过客，你其实很多时候都别无选择：无法选择血缘和家族，无法选择你的事业，甚至你的爱好都难以选择。我曾经以为自己是自由的，其实那只是从一个囚牢到另一个囚牢。我们被自己编织的网络所困住，被自己的文化所困住。

看电视的时候，我更喜欢看傻瓜剧，想想自己也是个傻瓜，跟着傻瓜导演一起，傻笑，傻乐。生命沉重，保留一刻傻傻的状态也挺好。在现实世界，装傻是件很辛苦的事情。忽然想到王小波的《沉默的大多数》，他们是怎么做到的呢？

人性是由情绪控制的，理性大脑进化得太晚，而且在大脑系统里没有决策权，所以，怎么让情绪安宁下来，一直是人类的一大难题。几千年来各路大师各大门派都开出了种种方剂，也没能改变人类时不时大发雷霆的局面，没能阻止在情绪影响下发生的种种战争，没能阻止种种惨无人道的杀戮。从这个层面上来看，我时时沉重的疲倦感和失落感，其实是有来头的。我们每一个人的心中都曾有一个美好的梦想，都曾有一个完美的故乡，那既是儿时的记忆，也是我们对天堂的种种期待。然而，在人生路上我们经历了太多，梦想和故乡渐行渐远，最终失落在虚无之中，我们的灵魂成了没有归途的流浪儿。

同时失落的，还有确定性。当代世界一切都变得不确定，没有确定的世界又哪来安宁？有时想想古人也挺好的，至少他们生活在确定之中，灵魂稳稳地安放在那里。

　　故乡原本是确定的存在，那里的山山水水，那里的茅屋瓦舍，那里的邻里乡亲，都长久地储存在你美好的记忆之中。然而现在，如果你回到一个只有名字的故乡，你心心念念的那些人、那些建筑、那些熟悉的味道统统没有了，那还是你的故乡吗？过去的故乡有你亲人在那里等你回去，现在他们都已故去，那还是你的故乡吗？失落了故乡，拿什么跟过去的岁月联结呢？失落了故乡，心又到哪里去停留？

　　思念是一杯醇厚的美酒，它让你沉醉其中，也让你潸然泪下。正是对故乡无尽的思念，让我在一个个无眠的夜晚深度思考与生命有关的一些重大问题，现在我把其中一些思考笔记整理出来，作为对乡愁的一种抚慰。

　　故乡已远，这些文字，或能成为我自故乡来的印记。

2021年春节